大師如何設計

最舒適好房子設計技巧 180 例

瑞昇文化

大師如何設計：
最舒適好房子設計技巧180例

CONTENTS

1 Interior
剖析舒適住宅的室內裝潢

2 Material& Equipment
靈活運用各種素材・結構材料

3 Renovation

在設計整修方面應該先了解的事

4 Lowcost

透過物美價廉的設計來興建住宅

封面照片
設計・施工：TIMBERYARD
攝影：渡辺慎一

The Rule of the Housing Design

剖析舒適住宅的
室內裝潢

神奈川縣
大磯之家

富士
太陽能住宅

具備多樣化生活空間與收納功能的住宅

1

實例

2樓所採用的設計方案是連接閣樓的一室格局。藉由省略天花板收邊條，並將窗框塗成白色，就能打造出線條很少的整潔空間。

這棟小住宅座落於神奈川縣・大磯町。我們採用了與一般設計相反的方案，把LDK（註：同時當作客廳、飯廳、廚房的空間）設置在採光佳、視野棒的二樓。在空間方面，雖然LDK大致上是相連的一室格局，不過我們會藉由在各處設置塌塌米空間、窗邊的桌子、辦公空間（工作室）等生活空間，來使此空間變得多樣化，而且這種設計同時也能讓LDK具備多功能。如此一來，家人自然就會聚集在此場所。

各個空間都具備符合假設用途的收納機能。藉由這種設計，各個空間用起來就會很方便，不易變得凌亂不堪，而且這種能把東西收納整齊的室內裝潢也很容易維持原狀。如同P10的解說那樣，廚房周圍的細部也有經過特別設計。

在這個由落葉松地板與月桃紙壁紙所構成的空間中，我們在收納櫃的門等關鍵部分，巧妙地結合了壓花玻璃、帶有和風的紙布、塗成白色的椴木膠合板、軟木板等素材。透過這一點，就能有效避免所謂的「木造住宅」常陷入的單調狀態。另外，藉由省略地板收邊條・天花板收邊條來減少空間中的線條，就能給人輕鬆愉快的感覺。

設計・施工：富士太陽能住宅（岡村未來子） 攝影：渡邊慎一・廣瀨育子

小型生活空間的設計

妥善地配置「廚房旁邊的辦公空間」
與「飯廳旁邊的嵌入式餐桌」等機能性小空間。
藉由強化屋頂隔熱性能，就能讓閣樓終年都發揮作用。

1樓平面圖（S＝1：200）

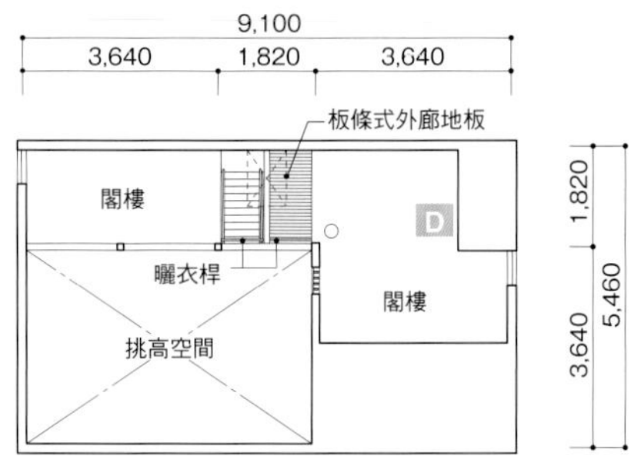

2樓平面圖（S＝1：200）

配置圖（S＝1：200）

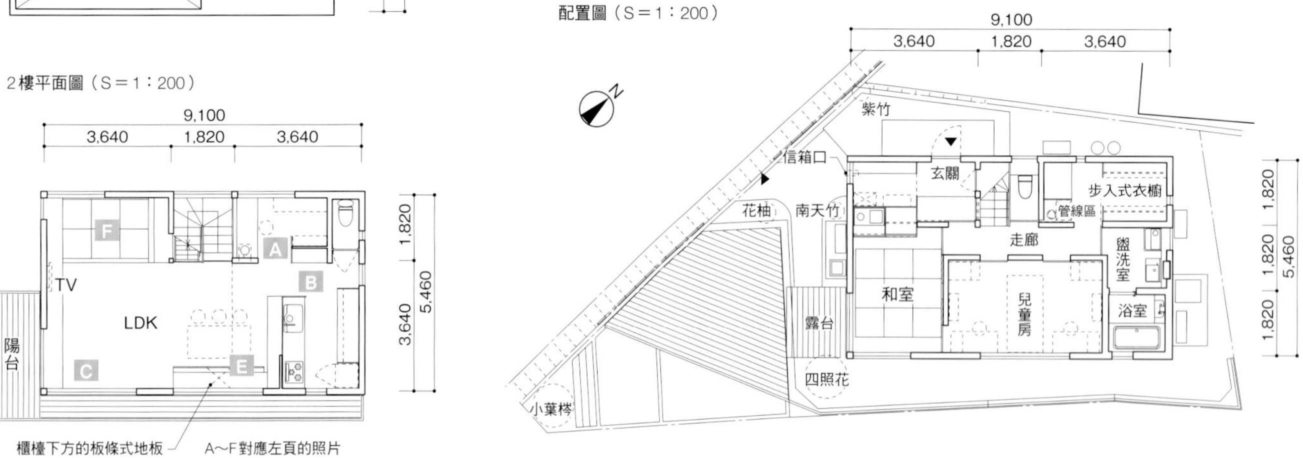

剖面圖（S＝1：60）

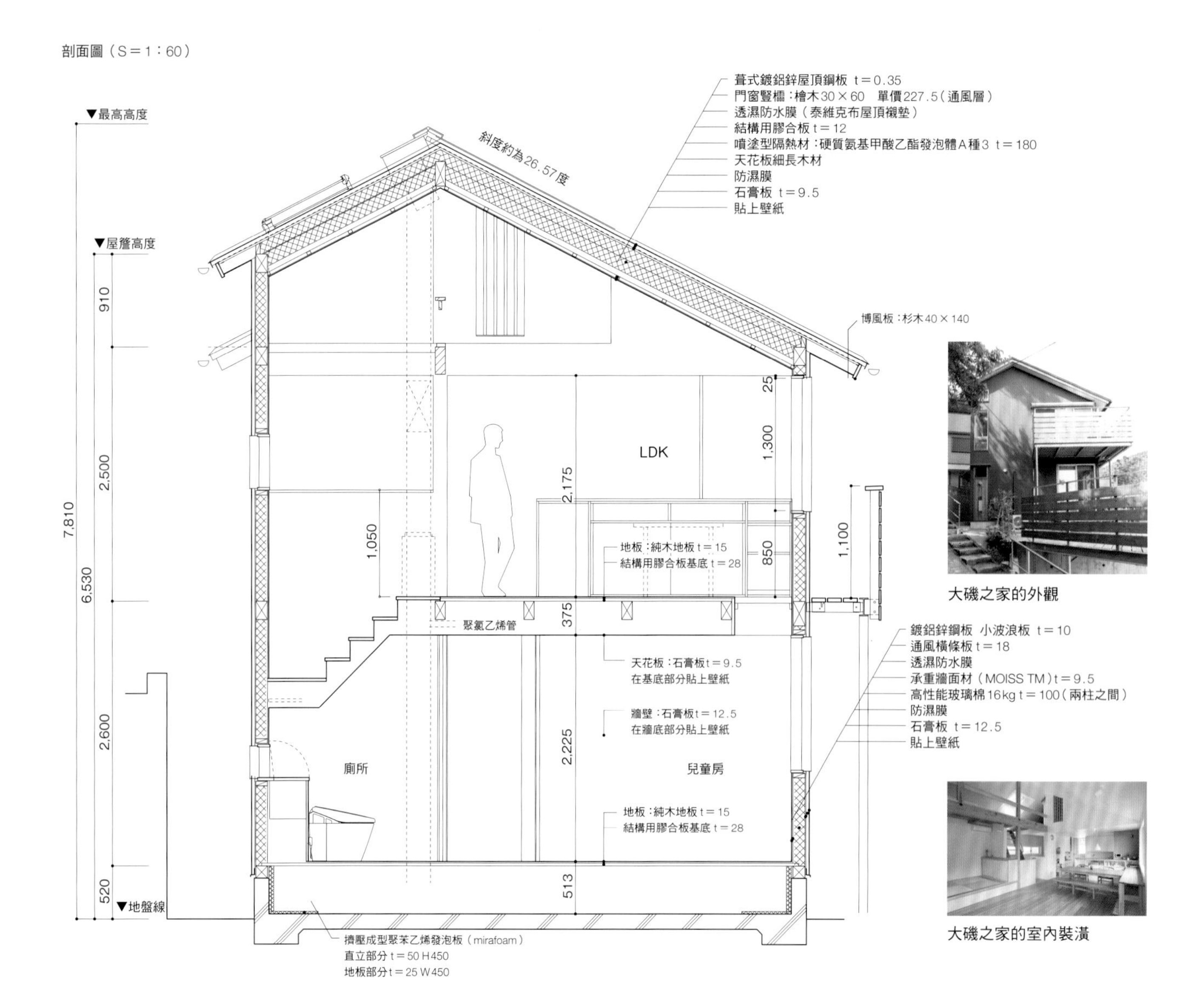

大磯之家的外觀

大磯之家的室內裝潢

A 能夠照顧孩童的辦公空間

此空間可供居民在家辦公。藉由將此空間設置在廚房旁邊，
就能有效率地做家事。

B 廚房旁邊的電話櫃是情報終端

可以把孩童的聯絡網與學校活動等資料、共用的文具與藥品、
相簿、食譜等物收納在吊櫃中。

C 也能成為孩子做功課的場所

與電視櫃收納空間相連的部分窗前空間不要設置櫃門，
這樣就能當成書桌來使用

D 寬敞明亮的閣樓

藉由增強屋頂隔熱性能來讓閣樓終年都能使用。一部分的地板
採用了板條式地板，所以光線會照進下方，空氣也會流動。

E 飯廳背後的辦公空間

飯廳背後的窗前景色很好，在此設置長書桌後，當孩子
無法使用飯桌時，該書桌也能用於做功課等用途。

F 舒適自在的榻榻米空間

榻榻米空間下方的收納空間很深，
收納性能相當好。

省略了流理台隔板的開放式廚房

藉由省略流理台隔板（用於防止水花飛濺、隱藏手部動作的隔板），就能讓吧台下降約20㎝，並給人一種清爽的印象。

廚房周圍的設計

開放式廚房的重點在於，飯廳這邊的吧台與其下方的收納空間，
以及背面收納空間與料理工作台的搭配方式。
把爐子前方牆壁的背面設計成軟木板，就能一邊提昇功能性，一邊點綴室內裝潢。

以料理工作台為優先的背面收納空間

為了方便進行揉捏食材等工作，所以背面收納空間的高度設計得較低，僅有730㎜。在這種高度下，孩子也能輕易地幫忙做菜。使用水玻璃類的塗料來保護地板。這種自然的效果既具有保護作用，又不會使地板變成濕潤有光澤的顏色。

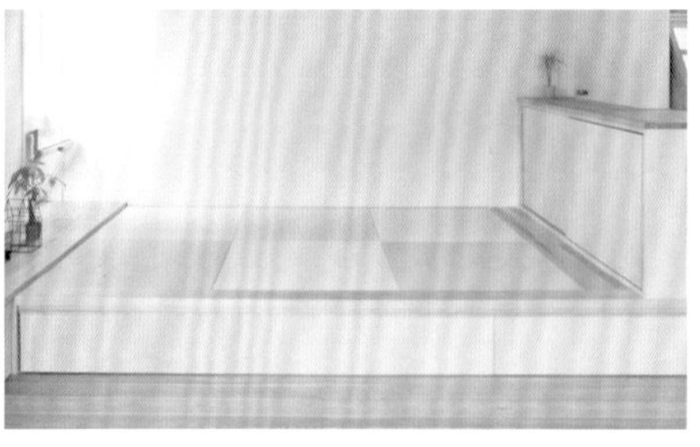

榻榻米下方的收納空間擁有出色的收納效果

即使只有三張榻榻米大，收納量還是多得驚人。設計時的重點在於，要讓抽屜能夠確實抽出。

沒有擺電視的電視櫃

藉由讓日式客廳配合電視櫃檯面的高度，就能給人一種清爽的印象。透過改變門扇的材料，並把電視安裝在牆壁上，就能讓風格變得更加雅緻。

嵌入式收納空間的設計

嵌入式收納空間不會使住宅的使用方式變得固定，
而且還能節省空間。配置收納空間時，
重點在於「空間的空隙」。

廚房周圍的概要

廚房展開圖 1（S＝1：60）

金屬器具：磁鐵
有彈簧的滑動鉸鏈

椴木芯膠合板 乳膠漆
（保養用開關）

側板：椴木芯膠合板
t＝24 乳膠漆

冰箱

頂板：
水曲柳拼接板
t＝25 OF

櫃底橫木：
落葉松地板
t＝15

把檯面降至方便揉捏食材的高度

盒子：椴木芯膠合板 t＝21 乳膠漆
活動式置物架：椴木膠合板 t＝18 乳膠漆
背板：椴木膠合板 t＝5.5 乳膠漆
金屬器具：壁塞　單價 50（共 40 個）

吧台周圍的剖面圖（S＝1：10）

檯面：柚木拼接板 t＝25

椴木芯膠合板 t＝21
乳膠漆

L 型鋼板 W15
（只有中央部分）

椴木芯膠合板 t＝21
乳膠漆

廚房周圍的平面圖（S＝1：60）

虛線：
吧台的下方部分

吧台：
水曲柳拼接板　t＝25 OF

收納
空間

廚房

平面差距 10

平面差距 10

（註：兩個相鄰平面的深度或高度的差距）

水曲柳拼接板
OF

廚房展開圖 2（S＝1：60）

由於省略了流理台隔板，所以檯面看起來很清爽

貼上軟木

水曲柳拼接板
25×90 OF

椴木膠合板
t＝24 乳膠漆

檯面：柚木拼接板
t＝25

拉門：條紋玻璃 t＝5

拉門：椴木芯膠合板 t＝21

背板：
椴木膠合板
t＝5.5

流理台採用市售成品

盒子：椴木芯膠合板 t＝21 乳膠漆
活動式置物架：椴木膠合板 t＝18 乳膠漆
背板：椴木膠合板 t＝5.5 乳膠漆
金屬器具：置物架支柱（表面固定式）
玻璃用軌道（CAMEL）

榻榻米下方收納空間的概要

收納空間的平剖面圖（S＝1：60）

地板下的橫木：2×12 板材　單價 1000

地板膠合板
t＝15

地板：
落葉松
t＝15

⑥抽屜
前面板：椴木芯膠合板 t＝21（把手：雲杉）
4 面側板：柳安木芯膠合板 t＝18
底板：柳安木膠合板 t＝9
腳輪架：2×4 板材（抽屜兩側）
腳輪：聚醯胺車輪 白色（LAMP）
（六處各四個，總計 24 個）
連接用的槽鋼 L＝720×3 根

收納空間的展開圖（S＝1：60）

⑥抽屜

收納空間的剖面圖（S＝1：60）

⑦電視櫃
長電視櫃：
水曲柳拼接板 t＝25 OF

⑥抽屜

收納空間的平面圖（S＝1：60）

榻榻米區

⑤
置物架

⑥抽屜（榻榻米下方）

置物架正視圖（S＝1：60）

⑤置物架
椴木膠合板　乳膠漆

⑥抽屜

⑤置物架
頂板：水曲柳拼接板 t＝25
盒子：椴木芯膠合板 t＝21
背板：椴木膠合板 t＝5.5
門：椴木膠合板 t＝5.5 乳膠漆
（把手：水曲柳）
金屬器具：置物架支柱（表面固定）、
L 型鋼板、地板滑軌

A 剖面圖（S＝1：10）

1FL＋314

門檻

把手：水曲柳

榻榻米
膠合板

柳安木芯膠合板

椴木芯膠合板

柳安木膠合板
t＝9

▼2 樓地板面線

B 剖面圖（S＝1：10）

榻榻米
膠合板

地板下的橫木高度 286

2×12 板材

柳安木芯膠合板

2×4 板材

▼2 樓
地板
面線

膠合板

腳輪：
聚醯胺車輪
白色（LAMP）

C 正視圖（S＝1：10）

門檻：水曲柳
把手：水曲柳

椴木芯膠合板
t＝21

▼1 樓地板面線

小而美的樓梯設計

有些小房子僅有約30坪的空間，
所以樓梯要採用小而美的設計。
閣樓的梯子與扶手都設計得既簡約又實用。

通往上方閣樓的梯子

通往上方閣樓的梯子使用的是水曲柳拼接板。踏板的深度210㎜，厚度30㎜。踏板深度比樓梯窄30㎜。

只需很薄的骨架補強板就夠了

藉由把兩片18㎜厚的木芯膠合板疊起來當成骨架補強板，就能把樓梯的牆壁設計得很薄。

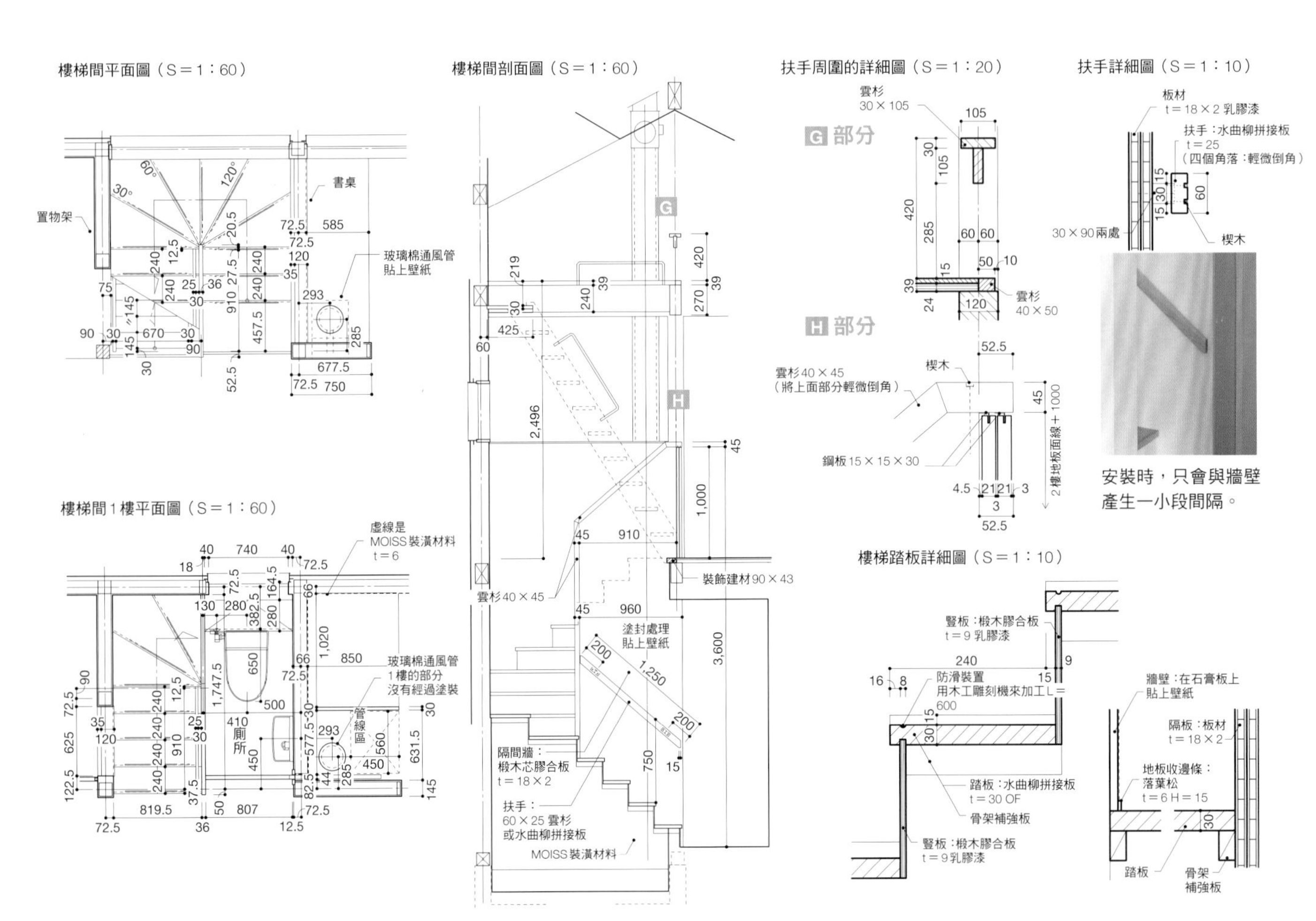

室內裝潢的調味秘方

在「木造住宅」這種簡單的空間中，
藉由在關鍵部分使用很有質感的素材，
就能為室內裝潢增添趣味。

用紙布製成的櫃門

使用紙布來製作電視櫃的門。柔和的風格很吸引人。
皮革製把手用起來很順手。

貼上紙布的窗戶

把以紙紗編織而成的紙布固定在木框上，就能取代窗簾和紗窗。紙布能夠有效遮蔽來自外部的視線。

用壓花玻璃製成的櫃門

飯廳這邊的吧台下方的櫃門採用的是進口的壓花玻璃「條紋玻璃」。
也具備適當的遮蔽效果。

貼上純木板的大門

透過板材縫隙工法，在現成的大門上貼上15㎜厚的上小節等級檜木板。在外側貼上「舒適陽台木地板（商品名，原文為：木もちeデッキ）」（杉木板）。

開口與牆面對齊的陳設架

在1樓的陳設架中，棚板的切面設置在距離牆面約12㎜的內側位置。
比起那種著重於棚板的一般施工方式，這種設計看起來比較清爽。

鹿兒島縣

盤坐之家

VEGA HOUSE

2 事例

擁有榻榻米客廳的現代日式住宅

這棟小住宅座落於新興住宅區。採用了常見的設計方案，一樓為LDK與用水處，二樓則包含了單人房與共用空間。與飯廳相連的客廳的地板較高，並鋪上了榻榻米，而且還把上方設計成挑高空間（天花板高度4460㎜）。客廳內沒有放沙發組，而是擺了矮桌與和室椅。

另外，朝向庭院的大開口部位採用吉村式格子拉門，能與窗框一起收進牆壁內。在這種構造下，藉由把開口部位打開，就能讓室內與室外融為一體，空間的悠然氣氛也會變得更加出色。

矮桌採用的是「floor・ist　大桌＋小桌」（小泉日用品店），和室椅採用的是「aguza」（boo-hoo-woo）。只要降低椅子的高度，視線就會降低，所以開放感會提昇。

設計・施工：VEGA HOUSE

在空間方面，LDK是相連的。正面是飯廳，右邊是廚房。用水處被整合在正面深處的白色牆壁背後。

寬度約3.636m的開口部位採用的是吉村式格子拉門。飯廳與客廳的地板高度差距為200mm。

可靈活運用的榻榻米客廳的要點

雖然榻榻米客廳本身不大，僅有六張榻榻米大，
但到處可以見到讓人覺得舒適自在的設計，
像是多樣化的房間高度、可以整面打開的大窗戶、與其他房間自然相連的構造等。

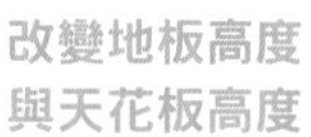

改變地板高度與天花板高度

雖然在空間上是相連的，不過只要藉由變更地板或天花板的高度，就能自然地呈現出空間特性。飯廳這邊的天花板高度為2100㎜。

景觀窗與露台

設置在挑高空間的景觀窗、與庭院相連的露台等設計能夠突顯開放感。可以避免房間變得凌亂不堪的收納設計也是重點。

在收納設計上多下一道工夫

只要多下一道工夫，像是使用加工過的硬木來製作櫃門把手，就能把室內裝潢襯托得更美。

窗框．格子拉門能夠收進牆壁內

窗框．格子拉門能夠完全收進牆壁內。寬敞感有很大差異。

榻榻米客廳的概要

1樓平面圖（S＝1：150）　2樓平面圖（S＝1：150）

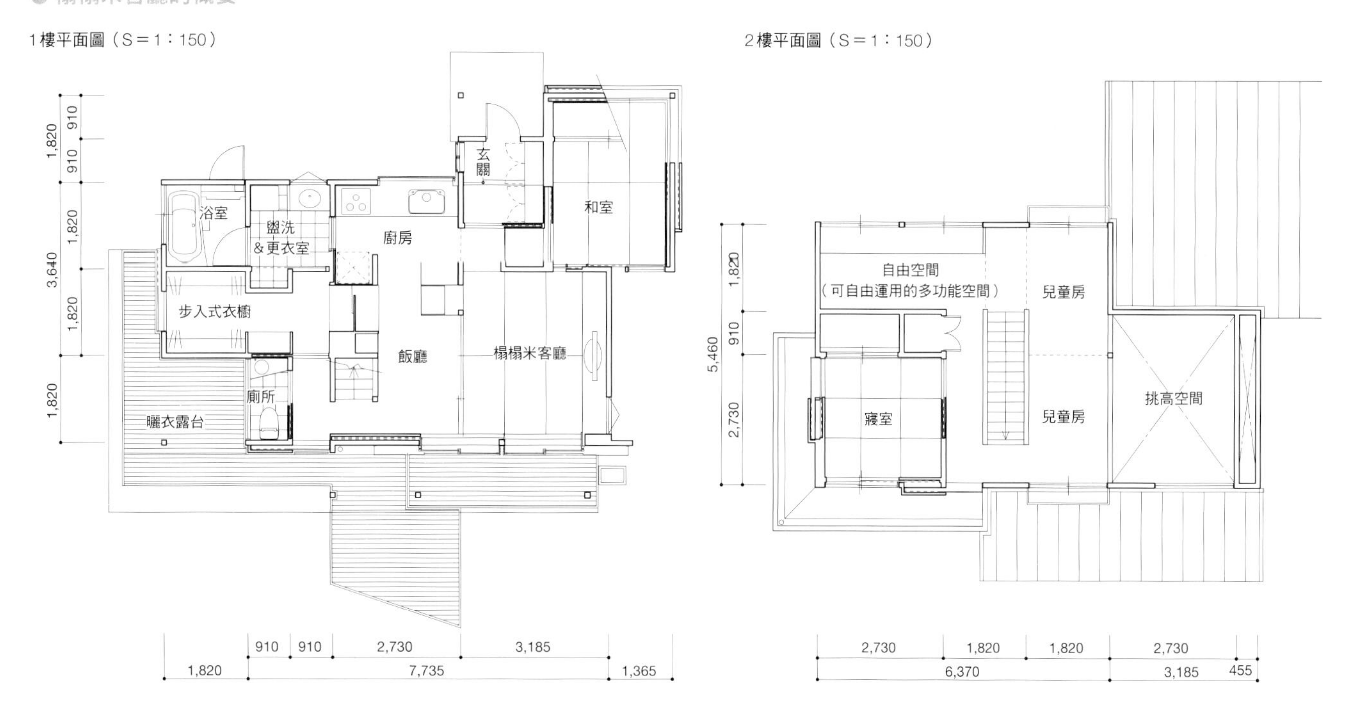

榻榻米周圍展開圖（S＝1：60）

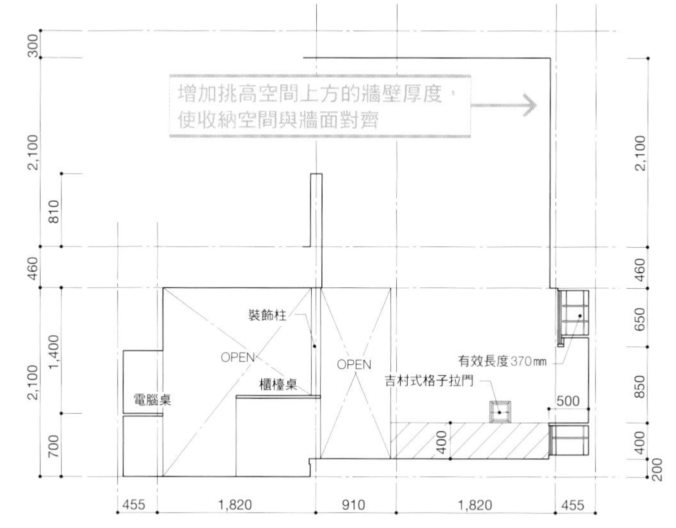

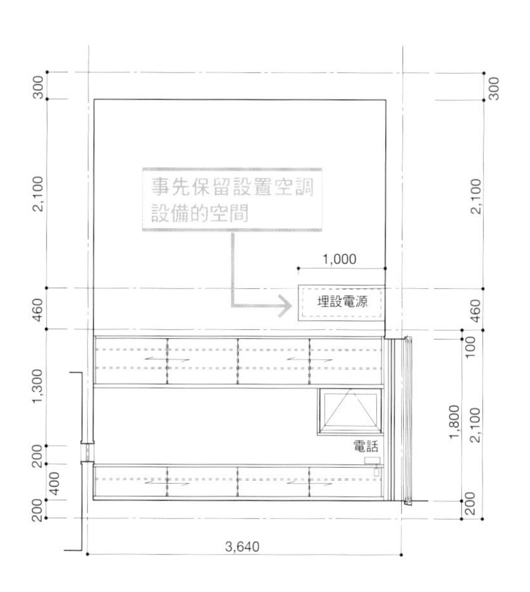

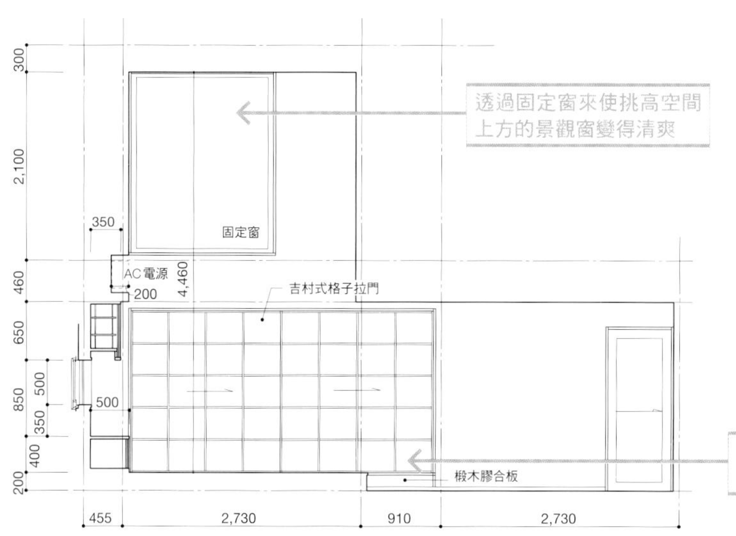

雖然榻榻米客廳是個小型空間，不過我們只要藉由「垂直方向的尺寸變化、三個不同的水平方向的開放視野」，就能獲得超越建築面積的舒適感。

廚房周圍的小工作檯

廚房周圍的空間除了能用來做菜以外，
也能用於處理雜務、陪孩子念書等各種用途。
適用於工作內容的小空間能讓生活變得很有效率。

A 用來做家事的桌子

這是設置在盥洗室與步入式衣櫥之間的家事桌。

家事桌的小窗

即使位在家事桌旁，也能透過小窗來觀察廚房與
飯廳的情況。

B 廚房旁邊的電腦桌

廚房附近有個嵌入式的小型電腦桌。做菜時，可以很方便地
收發郵件或查閱資料。

DK的配置設計

電腦桌設置在廚房與飯廳之間。電腦桌前方牆壁的另一側是家
事桌。

具備和風空間的玄關

從四周圍繞著草木的通道走進玄關（右）。由長凳與扶手等設計所構成的和風空間會讓人聯想到經過露礫修飾（exposed aggregate finish）處理的泥土地與壁龕旁邊的架子。（中・左）

外觀拘謹的玄關

從通道經過泥土地（土間），慢慢地踏上地板，走到大廳、榻榻米客廳。
玄關空間本身整合得小而雅緻。

玄關周圍的概要

玄關周圍的展開圖（S＝1：60）

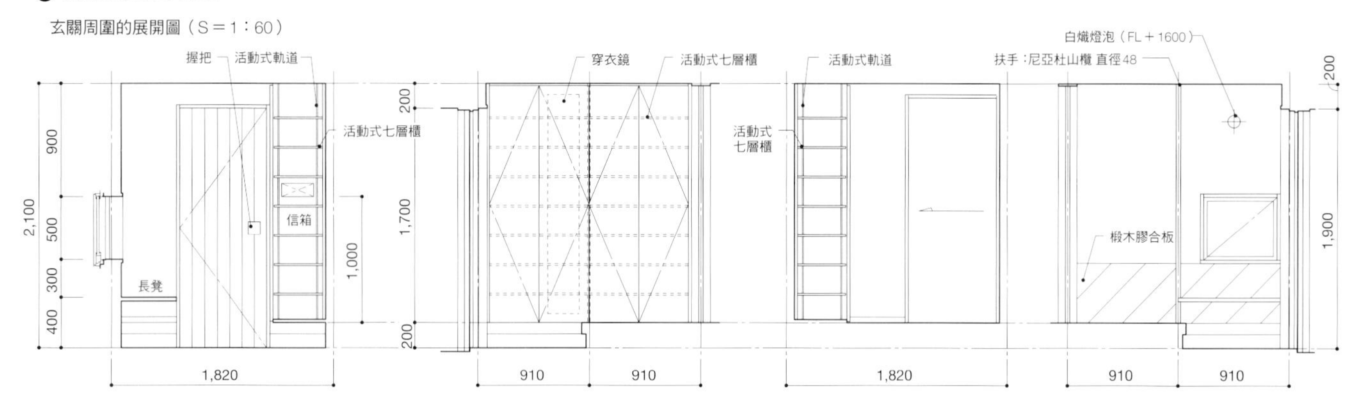

家事桌・電腦桌的概要

家具・電腦桌周圍的展開圖（S＝1：60）

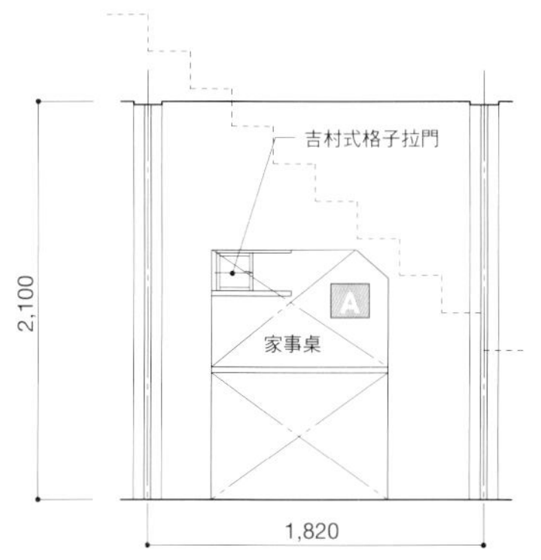

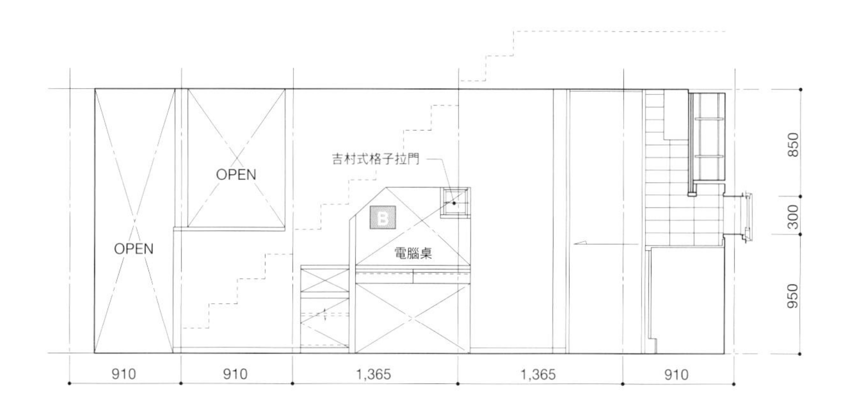

A・B部分對應右圖的照片

透過椴木膠合板來整合這種充滿功能性的空間

許多起居室與共用空間都使用了具備出色耐久度的椴木膠合板來當作高度750mm的腰壁板，並能為室內裝潢增添變化。由於能夠省略裝飾建材與地板收邊條，所以外觀會變得很清爽。靠牆擺放床鋪時，椴木膠合板製成的腰壁板也能夠防止棉被等物品遭受磨損。

共用的書桌空間

共用的書桌空間。背後的牆壁上方部分貼上了TOLI公司生產的矽藻土壁紙「earth wall」。

樓梯旁的共用空間

這是介於樓梯與挑高空間的扶手牆之間的共用空間。此空間的周圍是高度750mm的椴木膠合板牆壁。

在洗衣機前方稍微提高腰壁板的高度

在這個放置洗衣機的角落內，在清潔等問題的考量下，我們提高了腰壁板的高度。

廁所的牆壁・收納空間也採用椴木膠合板

廁所的腰壁板與櫃門都採用椴木膠合板。可以輕鬆地安裝捲筒衛生紙架等附加設備。

在細部多下一道工夫，以提昇品味

使用椴木膠合板時，只要多下一道工夫，就能提昇品味。
藉由在櫃檯或扶手牆的上方、收納櫃的把手等處使用硬木，
就能一邊提昇功能性，一邊營造出高級感。

腰壁板外側轉角的結構工法

只要在外側轉角緊緊塞入硬木製的裝飾材，就能提昇耐久度，並同時提昇品味。另外，這樣做也是為了遮住椴木膠合板的切面。右邊的照片是放大後的照片。

收納櫃的把手也使用硬木

使用硬木來製作扶把與收納櫃的把手。耐久度也會提昇。

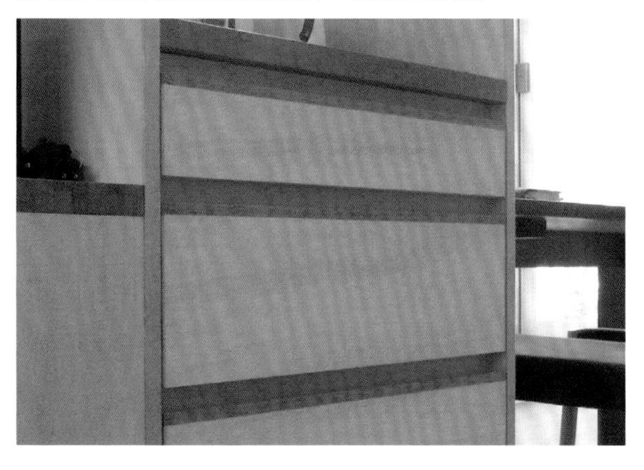

在木材地板方面也要多下一道工夫

在日本冷杉地板的表面使用浮造加工法（摩擦板材的柔軟部分，使木紋顯現）。木地板的風貌會變得平均適中，而且也能產生止滑效果。

使用硬木來製作扶手壁的上方部分

使用南洋的尼亞杜山欖來製作樓梯扶手壁的上方部分。考慮到用手撐在扶手上時的觸感，所以我們會把該部分設計得較圓滑。

眼前的桌子為散文桌（Essay Table），椅子為七號椅（Seven Chair）。裡面的沙發為字母沙發（Alphabet Sofa）。裡面的椅子為PK椅（皆為「弗里茨・漢森Fritz Hansen」的商品）。沙發前方的茶几是n'frame 石頭茶几（n'frame SIDE TABLE STONE，北方住宅設計社）。在照明設備方面，吊燈為PH4／3，前方的檯燈為PH3／2，裡面的吊燈為PH雪球吊燈，裡面的檯燈為AJ檯燈（皆為「路易・波爾森Louis Poulsen」的商品）。

千葉縣
TIMBERYARD gallery

TIMBERYARD

透過家具來設計的簡約豐盈住宅

TIMBERYARD gallery是座落於千葉縣灣岸區的樣品屋。這座樣品屋的經營者是室內裝潢用品店TIMBERYARD。只有家具專家才能創造出這種獨特空間，在此空間內，建築物與家具會融為一體。

在一般的建築計畫中，會先決定建築物的格局，再配置家具。不過，在此住宅中，則是先決定主要的家具與照明設備，再訂立建築計畫，然後一邊把「活用那些家具」這一點當成業主提出的條件，一邊進行設計。

在調整空間大小時，重點在於長寬比例。依照該公司規定，在總建築面積40坪以下的標準尺寸住宅中，基本上，天花板高度為２４００㎜，落地窗的窗框高度為２０００㎜。如同此實例，當住宅的總建築面積超過50坪時，天花板高度大多為２５００㎜，落地窗的窗框高度則為２３００㎜。依照建築面積來設定天花板高度也是彰顯家具美感的重點之一。

另一項重點為牆壁的配置。我們認為「設置大片牆壁」這一點與景

設計 施工：TIMBERYARD　攝影：渡辺慎一

3 實例

觀、通風一樣重要。正因為有擔任背景的牆壁，所以才能彰顯家具的設計與椅套布料的質感。

用於地板裝潢的建材也很重要。在此住宅中，我們在粉刷專用的天然素材壁紙（Runafaser）上使用了名為「凱利摩爾（KELLY-MOORE）」的丙烯酸乳膠漆（AEP）。這種塗料具有膜厚感的消光效果正是其特徵。木材地板採用的是寬度190㎜的白橡木三層式地板。表面塗上了薄薄的白色塗料，與木質類家具很搭。

關於照明規劃與色彩規劃，希望大家能參閱P27。

字母沙發宛如日式榻榻米客廳那樣，可以自在地坐著休息。

大牆壁是一張畫布

潔白無瑕的白色牆壁可以充分發揮家具的設計與照明的效果。在此實例中，我們預定要在檯燈旁邊鋪上奇勒姆地毯（kilim）來當作裝飾。

製作用來當作背景的牆壁

為了呈現出家具、照明設備、繪畫等裝飾品的美感，所以用來當作背景的牆壁是必要的。只要藉由「在窗戶的配置方面下工夫，並偶爾活用天窗」來設置大牆壁，家具的風貌就會一口氣改變。

如果採用天窗的話，就能設置很大片的牆壁

在住宅密集地區等處，即使設置窗戶，也不易獲得採光與通風的效果。在這種情況下，只要採取以天窗為主的設計，就能獲得用來當作背景的牆壁。

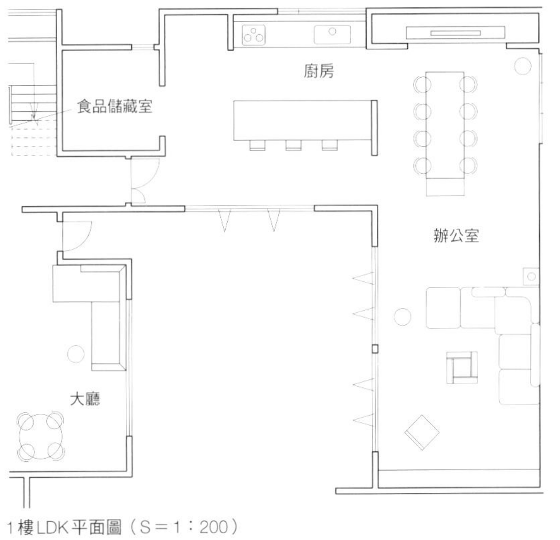

1樓LDK平面圖（S＝1：200）

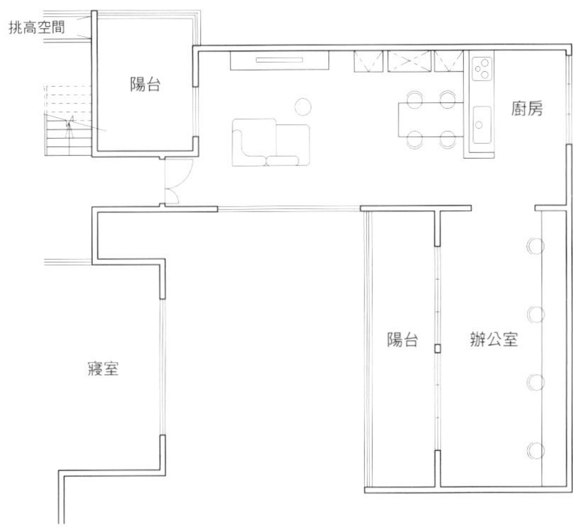

2樓LDK平面圖（S＝1：200）

3片式窗框的設計很美

大多使用3片式窗框。長寬的比例看起來很清爽。讓窗框融入骨架。另外，當天花板高度較低時，大多不會裝設窗簾盒。

使門窗隔扇的高度一致

當天花板高度為2400mm時，窗框的高度為2000mm。
在較大的住宅中，當天花板高度為2500mm時，
窗框的高度要設為2300mm。室內的門窗隔扇要配合窗框，
或是緊鄰天花板。

不要讓窗戶受到垂壁影響

把高側窗設置在緊鄰天花板處，
不要製作像垂壁那種不完整的牆。

把室內的門窗隔扇等設備
設置在緊鄰天花板處

雖然此門看起來像鋼製，但其實是經過塗裝的拼接板。當天花板的高度在2500mm以下時，室內的門窗隔扇大多會緊鄰天花板。當天花板超出此高度時，為了避免出現彎曲情況，我們會採取「設置格窗」等因應措施。

讓樹種與色調一致

一般來說，家具的表面板材與檯面的顏色、風貌都要配合木材地板。白橡木地板微帶灰色，很容易搭配。
相反地，胡桃木很有個性，與不同素材搭配時，
效果會有很大差異。

胡桃木製的書桌與地板

嵌入式家具與地板皆使用胡桃木。胡桃木的花紋具有強烈個性，即使是相同樹種，也不易搭配，所以要多留意。

白橡木製的地板與電視櫃

整體來說，白橡木與木質類家具都很搭。在此處，我們使用具有白橡木檯面的散文桌來搭配白橡木製的嵌入式家具。

橡木地板搭配楓木餐桌

稍微帶點黃色的橡木會給人一種休閒的印象。在此，我們搭配的是n'frame伸縮餐桌（北方住宅設計社），其楓木檯面採用肥皂塗裝。

靈活運用
三種木材地板

如果想要呈現平靜氣氛的話，就使用白橡木（右上）。如果想要打造休閒風格，就選擇橡木（左上）。如果想要呈現適度的特殊風格的話，則適合採用胡桃木（左）。

不要在天花板上裝設照明設備

為了發揮室內裝潢的美感，天花板最好保持樸素風格，
不要裝設任何設備。
若是LD（客飯廳）的話，只要透過吊燈與落地燈，就能提供活動時所需的必要亮度。

把客飯廳的天花板照明降至最低限度

客飯廳是用來休息的空間，所以不需要很高的照度。如果需要光源處已有設置照明設備的話，天花板只需最低限度的照明就夠了。

用光源來突顯角落

藉由用吊燈（PH雪球吊燈）來照射角落，就能讓人感受到房間的深度。從地板到光源的高度為1400㎜。

飯廳的吊燈

不仰賴天花板的照明時，飯廳上方的吊燈會成為主要照明設備之一。在此處，我們使用的是PH3／4。桌面距離光源600㎜。

透過PH系列來呈現一致性

PH系列的設計感一致，而且有各種尺寸，能夠很方便地整合空間的風格。

以關鍵項目為主軸的色彩規劃

思考色彩規劃時，要以空間中的關鍵項目為主軸。在此實例中，指的就是黑色的室內門窗隔扇。在位於此門窗隔扇前方的客飯廳內，我們透過黑～灰色系來整合了這些項目。

室內門窗隔扇是關鍵項目

從玄關大廳通往LDK的通道上有個大型室內門窗隔扇，我們以其色彩為線索，整合了一樓LDK的顏色（照片為採用相同設計的2樓門扇）。

黑色的細長鋼骨樓梯

玄關大廳的樓梯與門窗隔扇同樣都是黑色。藉由讓樓梯斜樑側板的高度低到僅有185㎜，就能使門窗隔扇的框架與大小變得接近，突顯出一致性。

沙發與靠墊採用灰色系

字母沙發的椅套為灰色。在靠墊方面，我們選擇了黑色、灰色、暗綠色，組成了風格穩重的漸層色調。

也要考慮到線路鋪設與檯面

為了配合門窗隔扇，設置在飯廳的吊燈的電線選擇使用黑色。餐桌的延長部分也是黑色。

北海道

可以享受成人時光的住宅

ART HOME

融入自然環境中的優質現代住宅

上：一樓的飯廳。透過四片式櫃門，就能把包含冰箱在內的廚房深處收納空間全部隱藏起來。櫃門的表面是塗成褐色的椴木膠合板。
下：隔著廚房可以看到室外的走廊。廚房是北海道・旭川的家具廠商所製作的，作工很精細。

由於屋主對家具與設計很有興趣，所以屋主特別以黑色與褐色為基調來設計室內空間。最後，這間屋子成了一棟穩重高雅的現代住宅。

其特徵在於，從地板、外露的結構材料到地板收邊條等裝潢建材都塗上了深褐色（胡桃木色）。雖然他使用的木材大多都是檜木、松木、椴木膠合板等顏色明亮的建材，不過只要塗上深褐色，就能營造出雅致的風格。

另外，藉由使用鋼材來當作部分的室內裝潢，就能給人更加鮮明的印象，尤其是貼在客廳牆面的耐候鋼（corten steel）。在建築師與室內設計師的實例中，從不久前開始，有許多人都會使用耐候鋼。透過宛如藝術品般的效果，就能成為整個空間的特色。此外，用鋼材製作的樓梯與扶手等雖然不起眼，但還是能夠透過纖細的形狀與消光黑來發揮「讓空間的氣氛變得較拘謹」的效果。

4

實例

從客廳望向飯廳。用來區隔飯廳與客廳的格狀物是PS 公司所製造的面板型電暖器。由於形狀很纖細，所以不會破壞空間的氣氛。

在設計LDK時，會讓橫向的長形空間變得寬敞

在此住宅中，為了呈現出時尚風格，我們運用了各種裝潢建材。
特別引人注目的是鋼材的運用。
我們用了許多消光黑，消光黑雖然會給人一種輕快的印象，
但也能降低存在感，並成為鮮明空間中的特色。

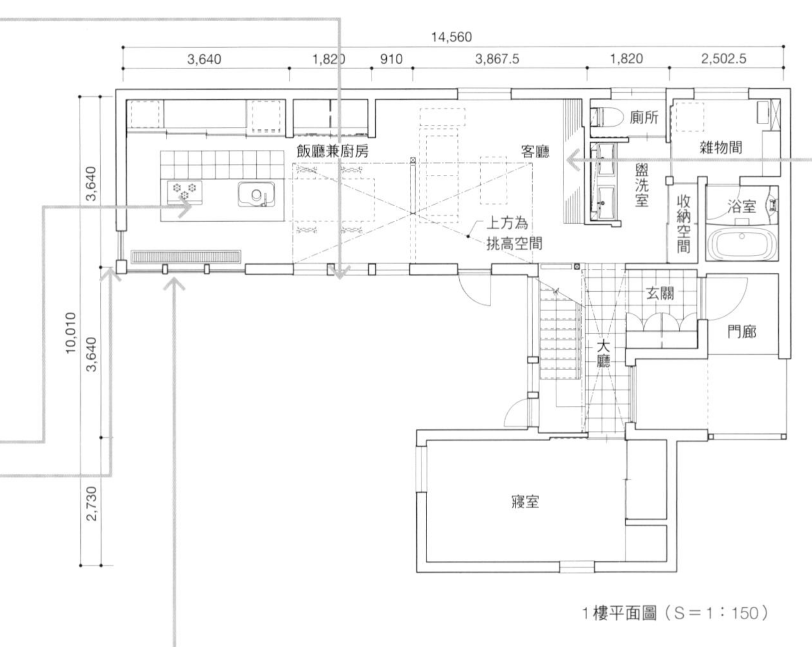

1樓平面圖（S＝1：150）

在客廳內發揮存在感的耐候鋼牆壁

為了讓客廳的牆壁成為簡約空間的特色，我們裝設了耐候鋼。直接在木造牆底上裝設耐候鋼。

帷幕牆的大開口部分很清爽

在左側的大型帷幕牆的開口部分中，我們透過了大型固定窗來支撐105㎜見方的柱子等物。

透過護木油與粉刷來完成地板，以呈現出質感

客廳・飯廳的地板採用純山地松木，並塗上了歐斯蒙（OSMO）的胡桃木色塗料。

在廚房後方採用重視便利性的地板磁磚

為了防止地板遭受汙損，部分地板採用了地板磁磚（名古屋馬賽克）。消光質感的磁磚不會破壞空間給人的印象。

簡約的玻璃吊燈

我們採用的是具備圓錐狀玻璃傘的「FLOS FUCSIA」（YAMAGIWA）。由於吊燈裝設在滑軌上，所以能夠輕易變更位置。

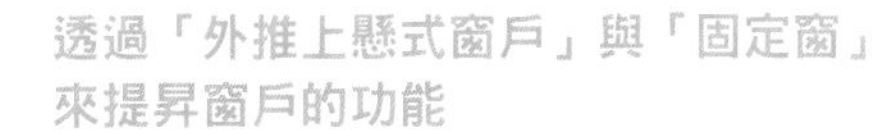

透過「外推上懸式窗戶」與「固定窗」來提昇窗戶的功能

飯廳餐桌前的窗戶由上方的固定窗與下方的外推上懸式窗戶所組成。在結構上，雖然窗框之間的柱子能發揮作用，但上下窗框之間的橫條板不會產生作用。

透過設置在動線前方的窗戶來打造開放的視野

在客廳・飯廳內，有許多場所都能用來打造開放的視野。在此處，我們順利地把庭院前方灌木叢的綠意融入室內。

結構材料全都塗上褐色

這是客廳・飯廳上方的挑高空間。裝設在挑高空間內的橫樑與周圍的柱子全都塗成了深褐色。

製作出輕巧的鋼骨樓梯

在連接玄關走廊的挑高空間設置輕巧的鋼骨樓梯。塗裝採用消光黑。如果直接連接磁磚的話，會給人一種厚重的印象，所以我們在兩者之間設置了木造平台。

高質感磁磚地板

連接玄關的走廊採用的是，與玄關相同的高質感磁磚地板。這種名為「石板」（名古屋馬賽克）的磁磚能醞釀出沉穩氣氛。

活用各房間的裝潢建材來呈現質感

LDK呈橫向長條形，縱深並不深。
為了讓該空間變得寬敞，所以我們設置了大型挑高空間與窗戶，以打造出開放視野。
另一方面，為了讓空間呈現出嚴謹的風格，
我們在所有木質部分都塗上了深色，並對部分建材採用特殊工法。

馬賽克磁磚會成為盥洗室的特色

在櫃子與洗手台之間設置馬賽克磁磚（名古屋馬賽克）。該磁磚成為了盥洗室的特色。洗手台是KAKUDAI公司的產品，設置在赤松木拼接板製成的櫃檯上。

在通道上設置風化枕木

把枕木鋪設在砂礫路上。枕木成功地緩和了周圍混凝土所呈現的嚴肅氣氛。

簡約舒適的自由空間

二樓的自由空間也能當成私人客廳來使用。此空間的設計很簡約，僅由塗成褐色的雅致松木地板與矽藻土壁紙所組成。此處也有很大的開口部分，是個開放式空間。

二樓走廊的輕巧扶手

在連接寢室與自由空間的走廊上設置鋼製扶手。塗裝與樓梯一樣，採用消光黑。給人輕巧的印象。

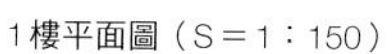

1樓平面圖（S＝1：150）

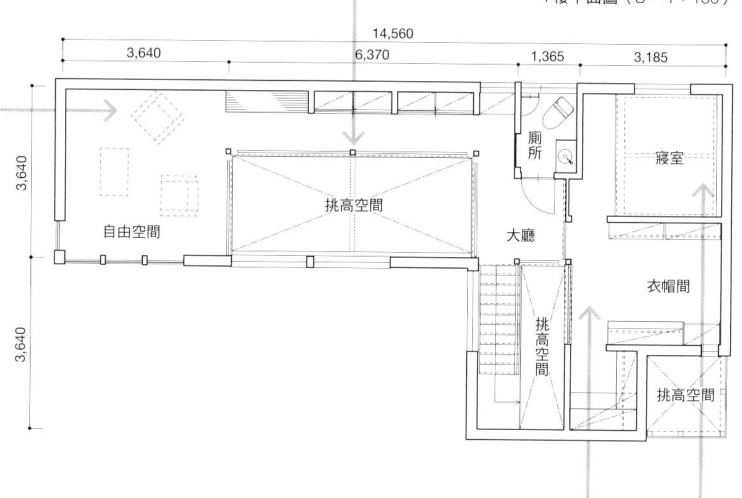

外牆使用個性不強烈的顏色

外牆用石材風格噴塗工法（lithing spraying）塗成黑色，貼上板材處也同樣塗成黑色。如此一來，就能一邊營造出時尚風格，一邊順利地消除存在感。屋頂採用平緩的單斜面屋頂，使建築物的正面成為簡約的立方體。

能讓室外光線照入的開放式衣帽間

依照屋主的想法，我們把衣帽間設計開放式房間。在隔間建材方面，上方部分使用玻璃，光線會從前方的高側窗與挑高空間照進來。

寢室的純木床架

在寢室設置與木材地板相同材質的純松木床架。床架設置好後，就能直接躺下睡覺。

埼玉縣
LOHAS
studio 熊谷

OKUTA

將天然素材與被動式設計融為一體的住宅

5
實例

在右邊的廚房收納櫃當中，用老舊的歐洲赤松木製成的框門很有存在感。黃銅製把手成為了特色。屋主對於中央那個「展示收納櫃」有很高的評價。重點在於，連內部也採用矽藻土來加工。位在左邊的是用老木材製成的陳設架兼櫃檯。

「LOHAS studio 熊谷」這個工作室的理念是【passive design】自然風格的被動式設計整修「Hygge×GREEN」。「Hygge」這個詞是丹麥語，意思是輕鬆的氣氛或撫慰人心的時光。在這裡，我們在這個詞中加上了名為「賓至如歸的款待」這項日式解釋，設計出這個舒適的空間。為了完成此空間，我們採用了被動式設計。我們透過附加隔熱（纖維素隔熱材）與真空玻璃來提昇隔熱性能，並大量使用天然素材，藉此來打造出穩定的室內氣候。

只要一走進室內，就會被巧妙的室內設計吸引住。我們透過寬度130㎜的純橡木地板來打造「地面」。設置在地面上的門窗隔扇、嵌入式家具、擺放式家具等所使用的各種樹木構成了自然的漸層。另外，由於橡木地板的色調有點暗淡，所以跟深褐色與亮色系的木質家具都很搭。

另一項設計為白色的細微差異。整體以純白色為基調，然後加上了「馬賽克磁磚、塗成白色的老木

可以體驗各種空間提案與家具的陳設方式。

材、塗成白色的磚塊」等帶有豐富質感的白色，一邊維持一致性，一邊呈現出不會流於單調的深度感。

解說請參閱**P 38**。廚房周圍的設計密度特別高，我們將嵌入式家具與現成的廚房結合在一起，一邊呈現出創意，一邊靈活運用老木材、磁磚、矽藻土等有質感的材料。

在現場對背面的收納空間進行最後加工時，要進行3～4次的塗裝。消光質感與膜厚感都很棒（planet color塗料／Planet Japan）。櫃檯使用的是馬賽克磁磚（Britz系列／平田磁磚）。背後的牆壁採用呈細微凹凸狀的磁磚（Paints／名古屋馬賽克）

在設計自然風格的廚房時，「種類豐富的白色」很重要

為了呈現出時下的「自然風」，我們建議大家以白色為基調，並使用各種素材。
在此處，我們採用了「透過在把手、金屬板類等細節所下的工夫來吸引業主」這項提案。

細節中的細微差異很重要

門窗隔扇與家具也要考慮到耐久度，所以在進行最後加工時，會進行3～4次的塗裝。我們同時採用滾輪塗裝法與毛刷塗裝法，顧客可以比較出微妙的質感差異。使用消光加工法，光澤度在30以下。對於鋼製（白色烤漆）插座面板、黃銅製把手等細節的講究能夠提昇業主滿意度。

從側面觀看廚房。藉由讓流理台隔板的切面進入視線內，就能突顯自然風與創意風。

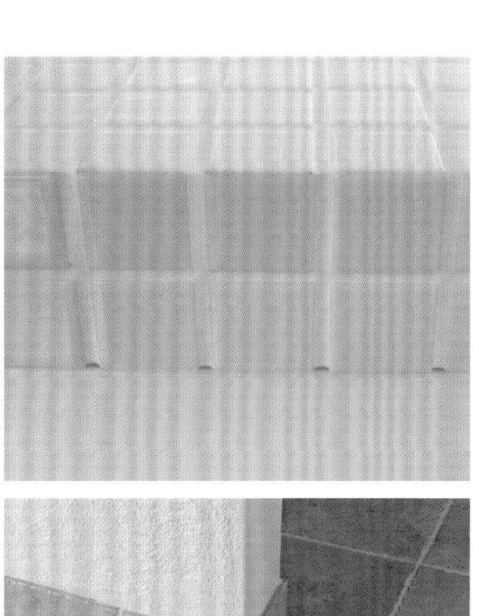

透過磁磚來呈現清潔感與高級感

馬賽克磁磚的尺寸為22㎜見方，顏色為稍微偏灰的白色（右）。由於轉角裝飾材是透過黏合方式製成的，所以櫃檯切面的結構工法看起來很自然（左上）。地板建材採用的是石灰岩質感的300㎜見方磁磚（Forte系列／平田磁磚）

檯面使用的是帶有圓木狀邊材的歐洲赤松木橫向拼接板。藉由塗成橡木色系來調整色調。

自然風廚房的存在感會取決於木材

想要呈現出清潔感與高級感時，上述的磁磚也很重要。不過，如果要呈現出自然風格的話，還是得靠木材。藉由讓一片板材的邊材或老木材等物發揮其質感，就能一口氣地提昇存在感。

對於把手與櫃底橫木等細節的堅持

廚房檯面的裝潢材料採用了Planet Japan公司製造的橡木色樂活油（LOHAS OIL，原創商品）。雖然是橫向拼接板，不過完工後，看起來很自然，宛如一片大木板（左）。製作廚房收納櫃的黃銅製手把時，要強調手工質感（右上）。在收納櫃部分，我們會採用與櫃門相同材質的櫃底橫木。

透過收納空間來強調「訂製感」

嵌入式收納空間不會使住宅的使用方式變得固定，而且還能節省空間。
配置收納空間時，重點在於「空間的空隙」。

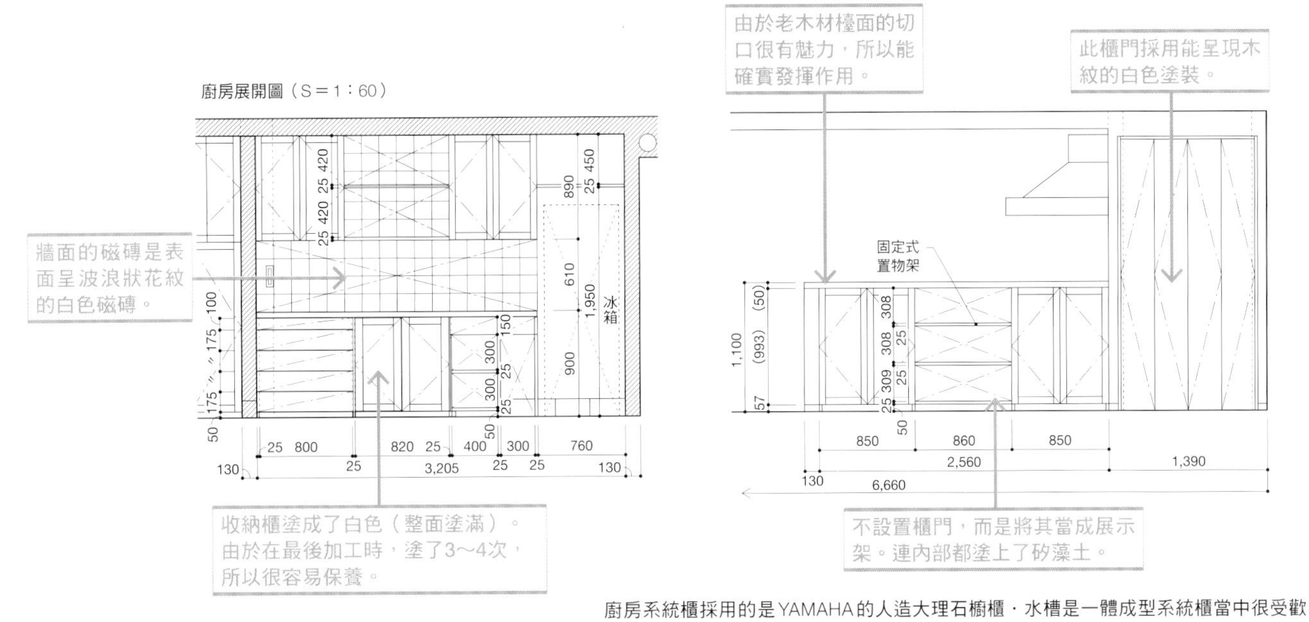

廚房系統櫃採用的是YAMAHA的人造大理石櫥櫃・水槽是一體成型系統櫃當中很受歡迎的Berry（I型2550）。水槽後方有可放置調味料等物的收納空間，很受歡迎。

活用老木材與仿古木材

櫃檯兼展示架是用老赤松木製成，並塗上了中褐色。我們使用了經過專業廠商（GALLUP公司）加工而成的橫向拼接板。在裝飾柱方面，我們先花三個月把赤松木暴露在室外，任其接受風吹雨打後，再透過毛刷來進行浮造加工法。

熟練地運用老木材

老木材雖昂貴，但質感很高。只要能夠善用老木材，
就能輕易地產生效果。
從護木油加工法到塗滿上色法，
老木材呈現方式有很多種。一般來說，
從木材的取得到加工，我們都會委託專業廠商。

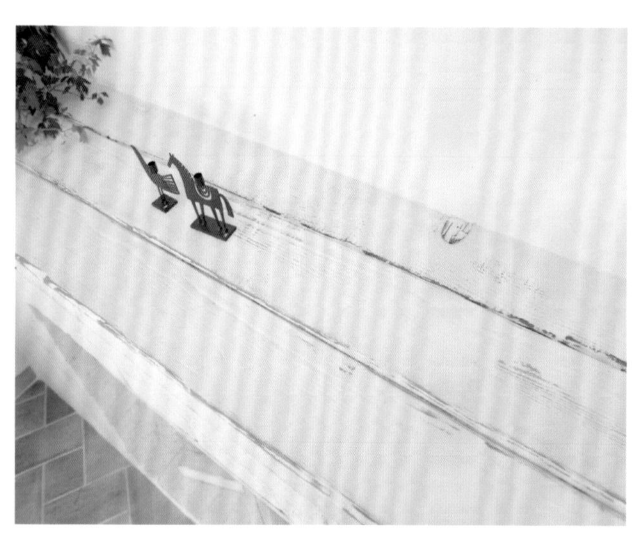

刻意不製成橫向拼接板，而是塗成白色

在此實例中，我們用仿古塗裝法把老木材塗成了白色。藉由塗成白色，就能一邊讓老木材融入四周環境，一邊透過稍微在邊緣留下薄薄的塗料來呈現出木材質感。

在展示收納櫃中，質感很重要

在製作展示收納櫃時，使用老木材來當作棚板也能得到很好的效果。在此處，我們將老木材與鋼製骨架結合在一起。老木材與鋼材很搭。

徹底講究金屬器具與電子材料

金屬器具與開關面板等電子材料的面積雖小，但卻能徹底改變空間的風格。
現今有許多屋主都很講究細節，
所以我希望大家能提出具有豐富變化的提案。

把手的設計與材質都很豐富

右圖是球狀門把與把手。材質包含了陶瓷、鐵、玻璃等。即使只會用於主要客廳的入口的門窗隔扇等處，還是會改變整個空間的風格。圓形與橢圓形的門把更能呈現出古色古香的氣氛。價格大致上在15000日圓上下。

黃銅與自然風格的設計很搭

黃銅器具能忠實地重現古董的質感與風味。透過表面的氧化，器具會愈用愈有風味。由於我們採用手工的方式來對表面加工，所以各處都有獨特的風貌。為了減少螺絲孔，所以黃銅器具的形狀變化很豐富，可以讓人感受到我們對於古董質感的講究。業主在選擇黃銅器具時，能夠挑選與室內家具擺設很搭的產品。價格大致上在600～2000日圓上下。

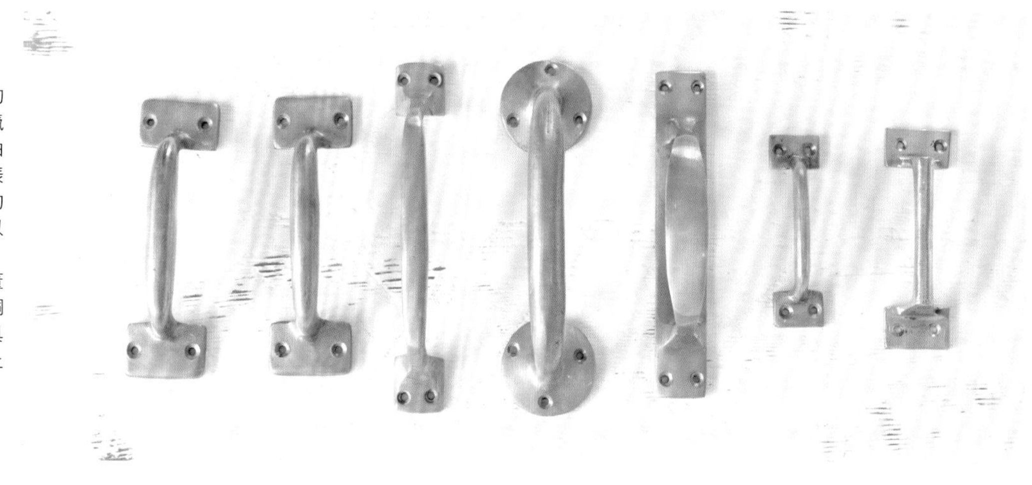

很有質感的插座面板

在營造空間風格時，開關面板與插座面板也是很重要的器具。面板的材質很豐富，左邊這兩個為陶瓷製，中央的是鋼製，右邊兩個為木製（破舊風格塗裝），所以我們希望大家可以依照設計來分別使用各種材質。另外，雖然插座使用起來與一般產品沒有差異，不過開關會變成把手式，而且可按面積會變小。單價大致上在1500日圓上下。

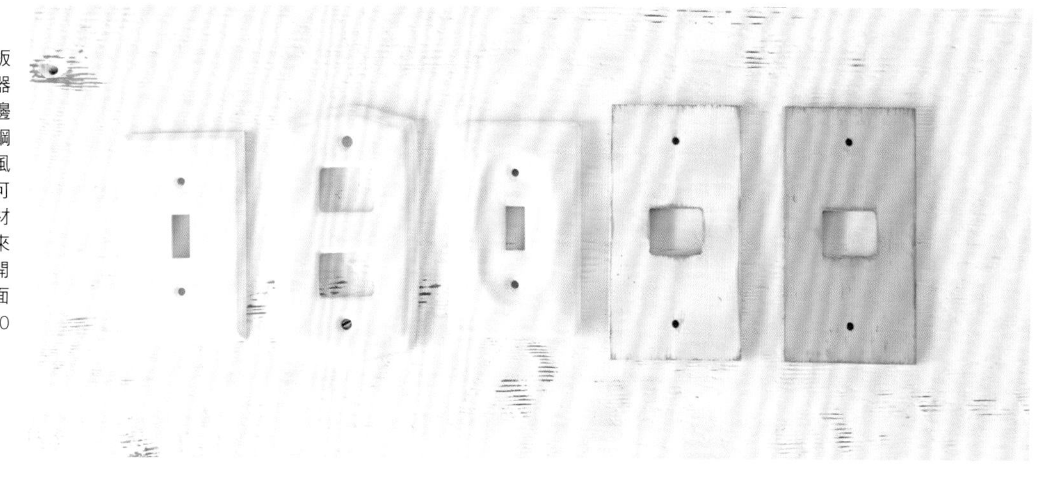

三重縣
S公館

Prohome大台

具備可愛復古風格的住宅

6

實例

飯廳兼廚房的模樣。嵌入式廚房與當成工作台的櫃檯都使用了馬賽克磁磚（名古屋馬賽克）。照明設備採用的是國產的鋼製燈罩吊燈。

以年輕世代為中心，想要使用老舊古董家具與懷舊風格用品的人正在增加中。在這種情況下，裝潢建材的色彩調整、照明設備與小型結構材料的挑選會變得很重要。

關於木材地板與門窗隔扇等木材會外露的部分，希望大家能使用稍微偏向深褐色系的建材。

在照明設備等方面，由於吊燈等物會對空間風格產生特別大的影響，所以懷舊風格用品也必須選擇設計相近的類型。

從客廳這邊觀看飯廳兼廚房。用來區隔兩個房間的豎格子窗是用105㎜見方的檜木所排列而成的。在構造上，豎格子窗雖然不會產生作用，但可以防止沙發往後滑動。

框門使用的是北歐的自然塗料「Bona」。顏色是沉穩的綠色，與木材的顏色及白色灰漿很搭。框門玻璃採用的是毛玻璃。

這是食品儲藏室前方的拱型入口。先透過可彎曲的石膏板來製作牆底後，鋪上粗棉布（cheesecloth），最後使用歐洲灰漿「estuco wall」來加工。

透過討喜的配色來營造愉快氣氛

即使是很簡約的空間，只要透過色彩與素材的運用，還是能夠打造出一個受女性喜愛的可愛空間。藉由把部分的壁牆，垂壁等處設計成拱形，就能營造出南歐風格的可愛氣氛。

在此實例中，我們在完全訂製的洗手台檯面採用馬賽克磁磚（名古屋馬賽克）。洗手台的握把使用進口商品。鏡子後面是收納空間。

在木材上使用偏濃的塗裝，以呈現高級感

想要營造出沉穩的氣氛與高級感時，只要使用胡桃木等較深的褐色木材即可。即使預算不多，只要對松木建材使用塗裝，就能營造出相同的氣氛。

寢室的門窗隔扇。兩扇門都是用松木製成的框門，藉由塗上黑色的Bona塗料，就能營造出沉穩風格的空間。

食品儲藏室的模樣（左）與廚房旁邊的辦公桌。兩者皆採用松木拼接板製成，並塗上了深褐色的Bona塗料。辦公桌旁的書架也採用相同設計。

雙軌橫拉式框門。此門也採用松木材，塗上深褐色的Bona塗料。

透過仿古風格的零件來營造氣氛

當屋主偏好仿古風格的家具時，
「巧妙地將仿古風格的結構材料融入住宅設計中」這一點會變得很重要。
由於門與格子窗等物不會破壞設計，且又容易搭配，所以我們建議大家使用這類結構材料。

這扇設置在玄關大廳牆壁上的鐵製格子窗（左）是委託工匠製作的。如果用太多的話，風格會變得過於強烈，所以最好只設置在一、兩處。大門的把手（右）採用的是仿古風格的按壓式門鎖把手（用拇指按壓開關來開門，HORI公司製造）。此門把的風格與用橡木製成的大門很搭。

透過獨特的照明設備來改變空間的氣氛

當空間愈簡約時，
照明設備的設計就愈會影響空間的風格。
如果想要整合仿古風格設計的話，
就必須特別注意吊燈的挑選。

在鳥籠風格的照明器具上纏繞人造葉飾，就能製作出這個擁有罕見設計的照明設備。日產商品。用來當成廁所照明。

擁有鋼製燈罩的縷空花紋吊燈。用來當成玄關照明。日產商品。

這是泡沫玻璃製的球狀（直徑約20㎝）吊燈，安裝在2樓挑高空間的大廳。

此玄關照明是仿古風格的進口商品。玄關是決定住宅整體風格的重要場所，所以我們希望大家也能留意照明器具的設計。

2 Material & Equipment

The Rule of the Housing Design

靈活運用
各種素材・結構材料

靈活運用天然素材的設計法

1

素材・結構材料篇

以療癒系建築及其方法論來說，如果想要採用自然風設計的話，我們希望大家能多使用天然素材。雖然使用樹脂建材來加工也能呈現出自然風格，但整體還是會呈現出廉價感與「華而不實的感覺」。由於天然素材加工法絕對不昂貴，所以如果大家想要透過設計來突顯特色的話，就務必要採用天然素材。

1

日本的傳統木造住宅。以當地的木材、紙、瓦片建造而成，素材的搭配很協調。雖然為了回歸自然，建材會容易腐朽，不過只要經過整理，這些素材的風味就會隨著時間經過而提昇。外牆類似樹幹，與自然環境也很搭。

只使用天然素材來加工

採用「主要以天然素材來進行加工」的設計時，希望大家能盡量避免使用樹脂類建材。許多樹脂類建材都是仿造天然素材製成的，在技術上，可以讓外表接近真正的天然素材。儘管如此，只要試著將兩者擺在一塊，大多還是能夠立刻分辨出差異。

因此，在天然素材圍繞下，人們會很容易地感覺出樹脂類建材的差異，而且樹脂類建材也會影響周遭天然素材的加工成果，使整個空間或建築物看起來像贗品。

當然，也有像印刷膠合板那樣，乍看之下與天然素材很搭的建材。不過，儘管施工當時的效果很好，但是經過多年，當天然素材的顏色與風貌改變了，而且風味也提昇了後，天然素材與「不會產生變化」的樹脂類建材之間的差異就會變得很明顯。最後，外觀就會變得很不協調。大家還是徹底使用天然素材來加工會比較好。

思考素材之間的契合度

雖說都是用天然素材來加工，但天然素材的種類有很多。除了木材以外，具有代表性的天然素材包含了灰泥、石材、紙等。磚頭、金屬、玻璃等雖然是工業產品，但其材料本身是源於自然環境，所以和純粹的天然素材很搭。不過，不同素材的劣化速度有很大差異，所以大家要特別注意這一點。

水曲柳地板、為了自然地呈現出強烈踏感而加工成凹凸狀的櫟木製玄關台階裝飾材，以及榻榻米。牆壁採用灰漿，天花板貼上了紙質壁紙。

2

◎素材的契合度會因劣化速度而有所差異（圖1）

本身能長期保持穩定狀態的素材

石材・磁磚・玻璃・土壤・不鏽鋼・銅・鋁等

會比較快風化，並回歸大地的素材

鐵・木材・皮革・草・紙・布等

一旦劣化，就會變得很難看的素材

塑膠・乙烯系樹脂等

在「會比較快風化，並回歸大地的素材」中，用劣化速度特別快的素材來搭配其他素材時，經過多年後，會容易變得不美觀，所以大家要特別注意這一點。另外，依照素材表面結構工法，素材的特性與契合度也會產生差異（像是「對木材使用聚氨酯塗料」等情況）。

◎契合度佳的裝潢建材搭配實例（圖2）

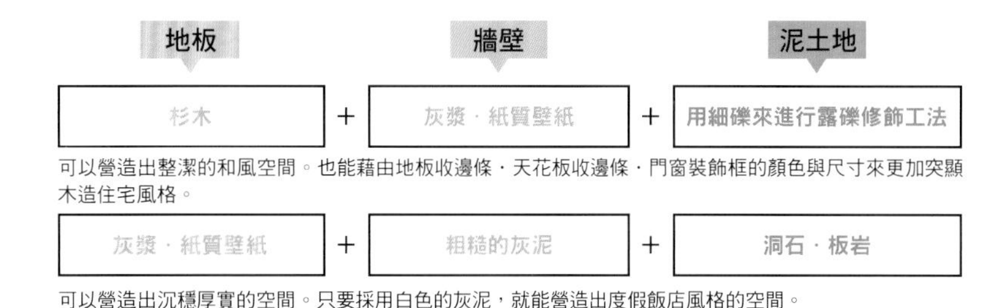

地板		牆壁		泥土地
杉木	＋	灰漿・紙質壁紙	＋	用細礫來進行露礫修飾工法

可以營造出整潔的和風空間。也能藉由地板收邊條・天花板收邊條・門窗裝飾框的顏色與尺寸來更加突顯木造住宅風格。

地板		牆壁		泥土地
灰漿・紙質壁紙	＋	粗糙的灰泥	＋	洞石・板岩

可以營造出沉穩厚實的空間。只要採用白色的灰泥，就能營造出度假飯店風格的空間。

地板		牆壁		泥土地
松木・樺櫻	＋	丙烯酸乳膠漆（AEP）・紙質壁紙	＋	陶瓦磁磚

可以營造出北歐風或無印良品般的自然風格明亮空間。素材也很便宜，適合低成本住宅。

地板		牆壁		泥土地
櫟木・水曲柳・樺木	＋	AEP（灰白色）	＋	石材（灰色系）

可以營造出咖啡店般的時尚空間。由於顏色的對比較弱，所以基本上適合採用顏色不強烈的裝潢建材。

基本上，木材、鐵、布、草等素材的劣化（風化）速度比較快（照片1）。另一方面，石材、磁磚、磚頭、土壤（灰泥）、不鏽鋼、鋁等則可以說是劣化速度較慢的素材（圖1）。話雖如此，劣化速度也跟使用場所有關，而且只要一和樹脂等新式建材的契合度相比，就會發現這些素材與住宅的契合度並不差，因此我們希望大家把這些資料當作參考。特別是想要呈現出自然風格時，只要搭配使用木材、紙、草等素材，就能輕易地呈現出自然風格（照片2）。

另外，只要整合色調，整體的風格也會容易變得一致（圖2）。如果想要採用較明亮的自然風格設計的話，將松木地板、紙質壁紙等素材結合在一起也是方法之一（照片3）。

由松木地板與紙質壁紙所構成的空間。把地板收邊條設置在與壁紙相同的平面，就能避免風格變得過於鄉村風。

讓天然素材適材適用

天然素材的使用方式也會因使用部位而異，因此我們會在此簡單地解說這項重點。

關於地板材質方面，在不需使用地板供暖設備或隔音材料的一般起居室內，最好採用純木地板。在素材質感、成本、施工性等方面，純木地板可說是最佳選擇。在加工方面，不要使用聚氨酯塗料，而是要透過使用護木油與打蠟等方式來營造自然風格。純木地板大致上可以分成闊葉木與針葉木。闊葉木的長度不一，寬度較窄，節疤少，木紋細緻，質感略硬。針葉木的長度較長，寬度較寬，廉價樹種的節疤多，木紋也很多。雖然質感較軟，不過也比較容易受損。

在不需脫鞋子的玄關等必須具備防水性與高耐久度的場所，最好使用石材或磁磚。砂漿或三和土等灰泥與天然素材的契合度也不差。

在可以直接於地板上坐著或躺著的房間內，最好採用榻榻米。雖然以相同用途來說，地毯也不差，不過還是在地板上鋪上小地毯會比較適合自然風設計（照片4～6）。

在盥洗室與廁所等用水處，除了石材與磁磚以外，也可以採用軟木或柚木等防水性能出色的樹種（照片7）。

玄關泥土地的材質挑選

玄關泥土地要選擇兼具高耐久度與高質感的素材

圖4是傳統木造住宅的玄關，用當地土壤製成的三和土（一種水泥地）很適合該處。在圖5中，為了不要輸給由柚木地板與灰漿牆構成的厚實結構工法，所以我們鋪上了經過仿古塗裝的洞石。在圖6中，我們採用與杉木地板很搭的細礫來進行露礫修飾工法。

牆壁素材的選擇

一邊思考色調與質感，一邊思考整體厚重感的平衡

上圖是由松木與白色紙質壁紙所構成的空間。在此實例中，我們只會對一面牆塗上粉紅色灰漿。藉由讓部分牆壁變得有特色，就能避免整體空間的平衡變得過於強烈。下圖是富有質感的灰漿牆。由於對面是磚牆，所以我們採用了能與其對抗的厚重感，以及與周圍環境很搭的色調。

8

9

透過點綴方式來打造室內裝潢

如同日式清湯那樣，要透過湯來襯托裡面的料

為了襯托人或是想呈現的物品，所以用來當作背景的室內裝潢不能選擇個性太強烈的種類，而是要選擇容易搭配的種類。挑選擺放式家具等物時，要先充分地仔細研究，再挑選高質感的物品，這樣室內裝潢的品質就會一口氣提昇。

11

12

7

塗上白色AEP的牆壁搭配深褐色的軟木地板與收納櫃。白色陶瓷馬桶搭配深褐色馬桶座。此空間採用了白色衛生紙與深褐色的捲筒衛生紙架。

用來當作牆壁建材的材料包含了和紙、塗料、薄塗式灰泥等。雖然這些素材的質感都不同，不過大致上都很平滑，接縫並不明顯，所以能夠營造出清爽的風格。由於牆壁是家具等物品的背景，所以個性不強烈的牆壁會比較容易搭配（**照片8・9**）。

以外觀給人的印象富有變化的材料來說，首先要介紹的是厚塗式灰泥（**照片10**）。依照「塗裝方式」與「開口部位的牆壁厚度的呈現方式」等，給人的印象就會改變。此外，在純木板材方面，大多會使用長度較長的針葉木。藉由色調、木紋的強度、節疤的量、接縫寬度等，就能改變印象，並設置具有存在感的牆壁。使用膠合板時，透過板材表面的素材質感與配置方式，就能呈現出節奏感。

採用會讓柱子外露的真壁型牆壁時，牆面上的柱子的存在感會變得很明顯，並能突顯出木造質感。另外，在空間中，藉由等間隔地排列柱子，就會給人一種井然有序的印象。

採用不會讓柱子外露的大壁型牆壁時，天花板的結構工法會對空間的外觀產生很大影響。如果各部位都採用不同結構工法的話，牆壁就會形成帶狀背景。另外，如果各部位都採用相同素材來加工的話，各部位的交界線會變得很模糊，整個背景看起來會融為一體。在這種情況下，我們會透過空間配置、窗戶周圍、擺放式家具、門窗隔扇等點綴方法來打造室內裝潢（**照片11・12**）。

天花板最好使用紙・布製壁紙和紙、純木板、膠合板，以及塗料或塗式灰泥等「風格較清爽，而且個性不強烈的素材」。那樣的話，就比較不用擔心剝落，而且也不易使空間產生壓迫感（**照片13**）。

要讓橫樑等結構外露時，可以透過天花板加工來呈現各種風貌（**照片14**）。使用木質類材料的話，天花板與橫樑之間的對比會減弱，整個天花板會變成立體的木質造型。如果使用其他素材來加工的話，反倒會使結構變得明顯，並突顯木造質感。

大理石製的洗手台檯面與塗上厚厚灰漿的牆

10

不過，如果要設置複雜的成套橫樑，並使其外露的話，風格就會變得過於花俏，所以必須要注意這點。最好的方法為，採用木質類的天花板加工法，並用塗料把橫樑與天花板整個塗滿，使其融為一體。

也會使用圓木來當作屋架樑。透過較大的切面，節疤會變得明顯，所以很適合自然風設計，不過也可能會給人超乎想像的粗野印象。在這種情況下，只要提高天花板高度，使天花板看起來像是浮在橫樑上就行了。

塗上AEP塗料的牆壁與天花板。沒有強調形狀與素材質感，透過照明設備與反射光來呈現這個空間。

安曇野繪本館。觸感粗糙的灰泥牆，以及風格同樣很沉穩的木造天花板。由於整個天花板的結構都採用相同素材，所以看起來很像雕刻。

外部素材的使用重點

在外部方面，最好採用「貼上板材、塗上灰泥」等方式（**照片15**）。雖然在貼板材時，會受到法令上的限制，不過如果能使用的話，板材是最好的材料。如果板材的耐久度很好的話，也可以直接貼上去，不使用塗料。不過，我們只要把顏色稍深的褐色或灰色的樹皮板或風化板組合起來，並進行塗裝的話，就能使其融入環境中。在貼法方面，雖然貼法會隨著想呈現的設計風格而異，不過在樹幹與雨水流動等考量下，基本上還是貼成直的會比較好。

在外牆粉刷方面，雖然用於外牆的灰漿是最佳選擇，不過以「jolypate塗料」為代表的高質感樹脂類粉刷塗料也不錯。在顏色方面，只要先以該地區的土壤顏色為基調，再把顏色塗成「想像被廢氣弄髒後的顏色」，髒汙部分就會變得不明顯。如果要塗成白色的話，則要同時考慮到光觸媒等問題。

即使是一般的纖維水泥板，只要使用比較樸素的素材，在設置時，就不會破壞自然風設計。關於鍍鋁鋅鋼板，如果使用的是深灰色等較低調的顏色的話，就能輕易地融入周圍環境（**照片16**）。

另外，雖然多少會增加一些預算，不過在選擇磚塊與磁磚時，只要選擇風格較樸素的種類，就會與自然風設計很搭。不過，由於能夠呈現自然風格的物品很多，所以大家也要多留意這一點。

再者，雖然之後會詳述，但「避免讓外牆過於醒目」這一點很重要。要留意的重點為，不要妨礙草木的栽種，並選擇適合自然環境的色調與素材。

在挑選素材時，不僅要注意自家住宅，也要留意街道與自然環境。如此一來，應該就能創造出更加適合這片土地的自然風設計吧。

貼上板材的外牆。包含格子窗與門窗隔扇在內，使用了很多木材。木材與灰漿牆也很搭。（綾部工務店）

採用鍍鋁鋅鋼板的外牆與木材、灰泥之間的契合度也很高。如果採用深灰色的話，就會與周圍的草木很搭。（VEGA HOUSE）

純木地板的挑選方式與設計

素材· 結構材料篇

在設計時，如果把自然療癒風格的空間當作前提的話，純木地板就會成為地板裝潢建材的基本選擇。另外，如果想要保留素材的自然質感的話，在塗裝方面，不要使用堅固的塗膜，最好採用能滲入表面的油類塗料。使用現成的複合式地板時，只要在表面貼上真正的薄板即可。不過，由於許多薄板都有塗上氨基甲酸乙酯類的塗層，所以大家在挑選時，要留意這一點。

擁有粗糙存在感的寬櫟木材。

地板採用寬櫟木材。我們在此處塗上了歐斯蒙的胡桃木色塗料。（「與戶外相連的住宅」ART HOME）

具備高級質感的胡桃木地板

地板與樓梯採用純胡桃木。此處也會透過歐斯蒙的透明塗料來呈現木材原本的質感。（「講究的住宅」ART HOME）

給人明亮印象的樺木地板

音響室的地板採用純樺木。為了呈現樹皮的質感，所以我們採用了歐斯蒙的透明塗料。（「木屋級住宅」ART HOME）

基本款地板的挑選重點

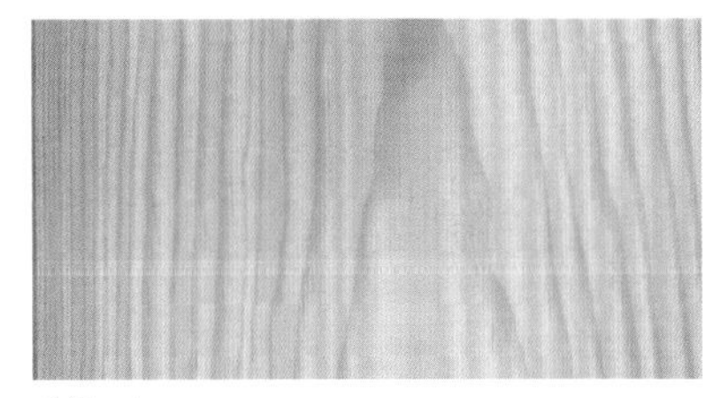

松木

【外觀】呈米黃色，雖然木紋較淡，不過大多都有節疤。
【質感】柔軟、踏感佳，不過尺寸穩定性不太好。
【塗裝】基本上只會打蠟，如果染成深色的話，就會給人較野生的印象。
【設計傾向】容易給人西式木屋的印象。
【施工性】★★★★★（要留意節疤的散布情況）
【耐久度】★★★★
【價格】★★★★★
（材料加施工費約9000日圓／㎡）

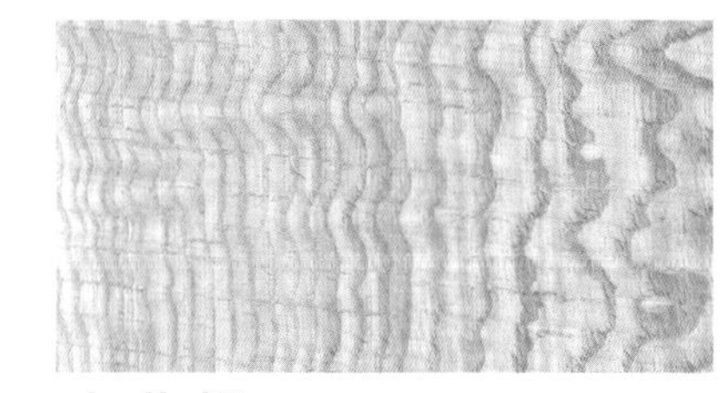

水曲柳

【外觀】呈灰白色～米色，特徵為明顯的年輪，木紋很整齊。
【質感】堅硬、不易受損。
【塗裝】基本上會採用能呈現木材質感的透明護木油。
【設計傾向】類似櫟木，不過更適合和風設計。比櫟木更適合清爽的空間。
【施工性】★★★★（比較硬，有點不易加工）
【耐久度】★★★★
【價格】★★★★★
（材料加施工費約9000日圓／m2）

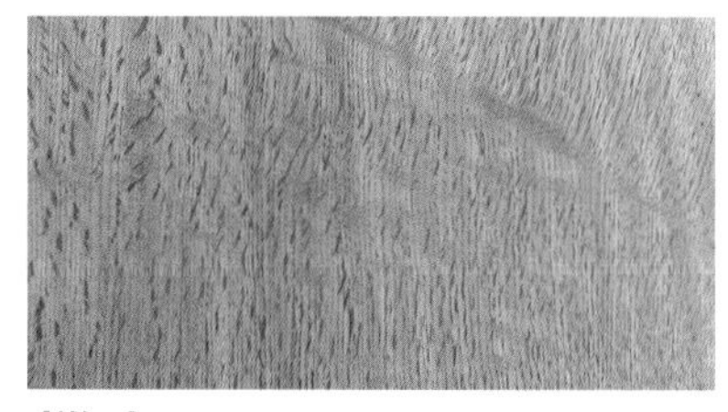

櫟木

【外觀】呈灰色～米色，木紋很明顯。給人的印象比水曲柳稍微粗糙一點。
【質感】又硬又光滑，不易受損。
【塗裝】塗上深色來呈現高級感。此外，也能刻意塗上灰色等色來營造復古風格。
【設計傾向】與日式和西式住宅都很搭。也有人會刻意使用零散板材。以自然風設計來說，在世界各地都很流行。
【施工性】★★★★（比較硬，有點不易加工）
【耐久度】★★★★★
【價格】★★★★★
（材料加施工費約8000日圓／㎡）

胡桃木

【外觀】呈很深的紅褐色，木紋沒有特別明顯。木紋很多，呈現成熟穩重的風格。
【質感】略硬，踏感佳。
【塗裝】塗上護木油後，就會變成深褐色。
【設計傾向】與日式和西式住宅都很搭。適合高質感的沉穩空間。
【施工性】★★★★★
【耐久度】★★★★★
【價格】★★★
（材料加施工費約15000日圓／㎡）

木瓜海棠

【外觀】呈橘色～紅褐色，木紋多變。
【質感】給人較硬的印象，踏感偏硬。
【塗裝】由於原本就是深色，所以無法透過塗裝來改變風格。
【設計傾向】喜歡紅木的人會常用此木材。中國人偏好此木材，目前缺貨中。與混凝土也很搭。
【施工性】★★★★
【耐久度】★★★★★
【價格】★★★
（材料加施工費約13000日圓／㎡）

樺木

【外觀】呈米色～黃色，木紋不明顯，有節疤。
【質感】比較偏軟。
【塗裝】用透明塗料來加工後，就會呈現較明亮的風格。
【設計傾向】適合北歐風或無印良品風格的室內裝潢。
【施工性】★★★★★（可加工性比較好）
【耐久度】★★★★
【價格】★★★★★
（材料加施工費約8000日圓／㎡）

杉木

【外觀】可分成紅色心材・白色邊材・源平杉木（紅白兩色混在一起），木紋很明顯，節疤也很多。
【質感】雖然柔軟且踏感佳，不過容易受損。
【塗裝】基本上只會打蠟。由於容易受損，所以不適合上色。
【設計傾向】適合和風。由於木紋很明顯，所以能讓空間呈現出木造住宅的質感。
【施工性】★★★★（要避免色調出現偏差。要注意木材的養護）
【耐久度】★★★
【價格】★★★★★
（材料加施工費約9000日圓／㎡。依照等級差異，價格範圍很廣）

檜木

【外觀】雖然外觀類似杉木，木紋也很明顯，不過不會清楚地分成紅色心材與白色邊材。無節疤的檜木很昂貴。
【質感】柔軟平滑，踏感佳。雖然沒有杉木那麼脆弱，但還是容易受損。
【塗裝】基本上只會打蠟。不易進行塗裝。
【設計傾向】適合和風空間。
【施工性】★★★★★
【耐久度】★★★★
【價格】★★★★（材料加施工費約10000日圓／㎡。依照等級差異，價格範圍很廣）

柚木

【外觀】黃褐色，木紋沒有特別明顯。
【質感】堅硬，不易受損。
【塗裝】塗上護木油後，就會變成琥珀色，並呈現出高級感。不適合上色。
【設計傾向】適合高級的西式住宅，跟度假勝地的氣氛也很搭。最好搭配「以黃土色系為基調的空間」。
【施工性】★★★★
【耐久度】★★★★★
【價格】★★★
（材料加施工費約13000日圓／㎡）

陽台木地板的挑選方式與設計

素材・ 結構材料篇

想把室外空間融入室內時，陽台木地板是很重要的部位。在獨棟住宅中，陽台木地板已成為很普遍的設計。當屋主特別重視庭院與草木時，其效果會非常高。以自然風設計的觀點來看，依外觀與踏感，使用純木材很是重要。由於陽台木地板需具備高耐久度，所以選擇的樹種也會不同。純木製的陽台地板大多會因為經久劣化而變成灰色，所以我們會預想其變化，並採取「能讓居民欣賞到其自然質感」的設計。

用來當成陽台木地板的南洋櫸木

雖然前端稍微容易碎裂，不過這種陽台木地板價格適中，耐久度佳。為了因應大規模修繕，所以我們會設法將其切割成板條狀。

設置在陽台上的柏木地板

由於色調沉穩，而且能選擇較長的板材，所以這種陽台木地板能呈現出既清爽又成熟的氣氛。雖然屬於檜木類，但給人的印象比較偏西式。

基本款陽台木地板的挑選重點

美西紅側柏

【外觀】呈米黃色，有節疤。
【質感】柔軟、重量輕，前端不易碎裂。
【塗裝】如果不定期塗裝的話，就會很快腐爛。常會被塗上其他顏色。
【設計傾向】容易施工，適合DIY。此木材經常被用於室外。
【施工性】★★★★★（易加工，可輕鬆搬運）
【耐久度】★★（使用約10年後，就必須更換）
【價格】★★★★★
（材料加施工費約13000日圓／㎡）

南洋櫸木

【外觀】呈偏紅的米色，顏色的濃淡與木紋很素雅。
【質感】容易出現起毛或碎裂情況。
【塗裝】雖然基本上不進行塗裝，但最好塗上護木油。
【設計傾向】當室內的地板顏色較明亮時，很容易搭配。
【施工性】★★★★（雖然屬於較硬的闊葉木，但沒有鋸葉風鈴木與婆羅洲鐵木那麼硬）
【耐久度】★★★（雖然基本上不需要保養，但使用約15年後，還是必須更換）
【價格】★★★★
（材料加施工費約16000日圓／㎡）

鋸葉風鈴木

【外觀】呈茶褐色～黃褐色，木紋雖然很漂亮，但容易變得零散。
【質感】表面光滑，前端比較不容易出現碎裂情況。
【塗裝】耐久度高，基本上不進行塗裝。
【設計傾向】無論室內地板呈何種色調，都很容易搭配。
【施工性】★★★（堅硬，不易施工）
【耐久度】★★★★★（基本上不需要保養，可使用20年以上）
【價格】★★★
（材料加施工費約18000日圓／㎡）

婆羅洲鐵木（ironwood）

【外觀】呈紅褐色，外觀類似鋸葉風鈴木，但色調比鋸葉風鈴木來得深。
【質感】表面比鋸葉風鈴木來得光滑，比較不易出現碎裂情況。
【塗裝】耐久度非常高，基本上不進行塗裝。
【設計傾向】容易與深色調的室內地板搭配。
【施工性】★★★（堅硬，不易施工。容易溶出澀液，把周圍弄髒。）
【耐久度】★★★★★（基本上不需要保養，可使用20年以上）
【價格】★★★
（材料加施工費約18000日圓／㎡）

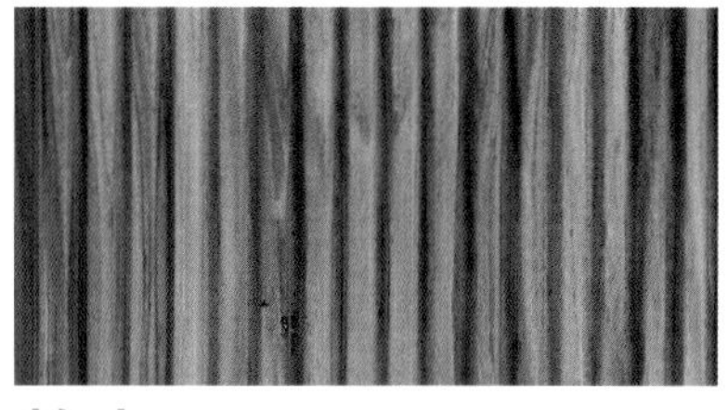

柏木

【外觀】呈偏紅的米色，有節疤。
【質感】觸感不會太硬，雖然會出現裂縫，但不易出現碎裂情況。
【塗裝】耐久度高，基本上不進行塗裝。
【設計傾向】容易與有節疤的地板搭配。
【施工性】★★★★（雖然硬，但加工性出色）
【耐久度】★★★★（基本上不需要保養，可使用20年以上）
【價格】★★★★
（材料加施工費約14000日圓／㎡）

柚木

【外觀】呈茶褐色～黃褐色，含有許多樹脂成分，經過多年後，光澤會提昇。
【質感】表面光滑，呈現出高級感。
【塗裝】雖然基本上不進行塗裝，但最好塗上護木油。
【設計傾向】只要室內也採用柚木地板的話，地板表面就會相連。
【施工性】★★★★（雖然硬，但加工性出色）
【耐久度】★★★★（會被當成船舶的甲板材料）
【價格】★★★

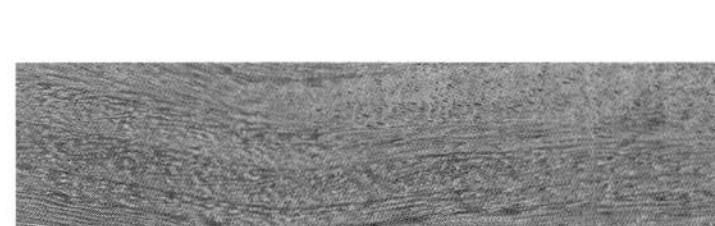

香二翅豆木（俗稱：龍鳳檀）

【外觀】呈紅褐色～黃褐色，外觀與鋸葉風鈴木很像，常會被用來代替鋸葉風鈴木。色調豐富。
【質感】與鋸葉風鈴木相比，比較容易起毛。
【塗裝】耐久度高，基本上不進行塗裝。
【設計傾向】無論室內地板呈何種色調，都很容易搭配。
【施工性】★★★（堅硬，不易施工）
【耐久度】★★★★★（基本上不需要保養，可使用20年以上）
【價格】★★★
（材料加施工費約17000日圓／㎡）

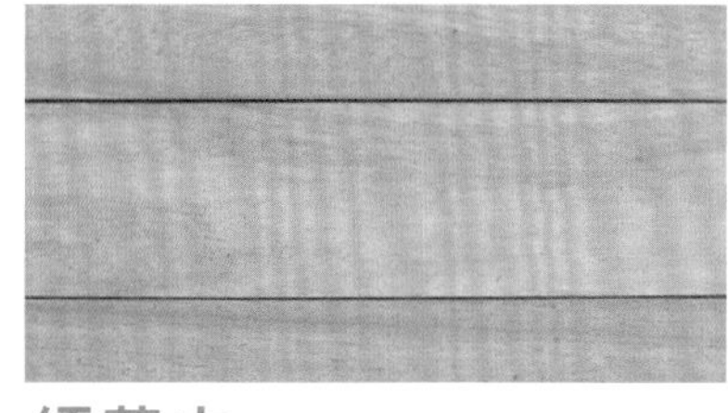

緬茄木

【外觀】呈帶有粉紅色的米色，木紋很素雅。
【質感】觸感光滑，不易產生裂縫或碎裂情形，可以光著腳走在上面。
【塗裝】耐久度高，基本上不進行塗裝。
【設計傾向】很適合用於可以直接光著腳從客廳走出去的陽台地板。
【施工性】★★★★（與鋸葉風鈴木和婆羅洲鐵木相比，比較柔軟，加工性尚可）
【耐久度】★★★★（基本上不需要保養，可使用15年以上）
【價格】★★★

再生木材

【外觀】顏色很多種，像是奶油色、深褐色、灰色等。大多無法讓人感受到木紋。
【質感】有點類似樹脂。
【塗裝】基本上不需進行塗裝。
【設計傾向】由於容易流於單調，所以要盡量選擇帶有自然斑點的類型。比起讓人感受氣氛的場所，再生木材比較適合用於有實用性的場所。
【施工性】★★★★★（加工比較簡單，跟鋁擠型很像）
【耐久度】★★★★★（基本上不需要保養）
【價格】★★★★★
（材料加施工費約15000日圓／㎡）

牆壁建材・天花板建材的挑選方式與設計

4

素材・ 結構材料篇

在牆壁・天花板的加工方面，最普遍的材料就是塑膠壁紙。不過，從自然風設計的觀點來看，我們希望大家盡量避免使用塑膠壁紙。雖然剛完工時，不會覺得不協調，但是經過多年後，塑膠壁紙與天然類素材之間的劣化程度會產生差距，外觀上就會讓人覺得「不協調」。至少也要使用紙質壁紙、布質壁紙等表面材質很接近天然素材的壁紙。

在此空間中，牆壁採用灰漿，天花板採用紙質壁紙

地板為水曲柳木，玄關台階裝飾材為橡木，和室為榻榻米，家具為椴木膠合板，格子窗採用雲杉木搭配歐斯蒙塗料。此空間連接了西式房間與和室。

在此空間中，牆壁與天花板採用矽藻土

左圖是鋪上藤席的和室。右圖是採用柚木地板的西式房間。矽藻土與兩者都很搭。圖中的門窗隔扇採用了椴木膠合板平面門與紫竹把手。

在此空間中，牆壁與天花板採用紙質壁紙

類似AEP塗裝的氣氛與自然風很搭，而且給人的感覺更加柔和、溫暖。不過，容易變髒。

基本款牆壁建材・天花板建材的挑選重點

草質壁紙

【外觀】外觀比布質壁紙來得粗糙。

【質感】風格宛如涼席。

【塗裝】由於是草的顏色，所以顏色很豐富。大多為白～深褐色系。

【設計傾向】具有高級感，而且自然風格也很強烈，所以能呈現出度假風格。

【施工性】★★★（比較硬，不易施工）

【價格】★★★★（約1500日圓起／㎡）

布質壁紙

【外觀】柔軟，能感受到厚度。依照密度與角度的差異，外觀會改變。

【質感】雖然是布，但裡面有貼上紙質襯裡，所以也帶有紙質風格。

【塗裝】根據布料種類，可以分成各種花紋。花紋以西式風格居多。

【設計傾向】想要呈現沉穩的氣氛或高級感時，能輕易發揮作用。想要呈現復古風格時，也很方便。能夠透過不同布料來呈現出有趣的風格。

【施工性】★★★（具有彈性，所以需要技術）

【價格】★★★（約1500日圓起／㎡）

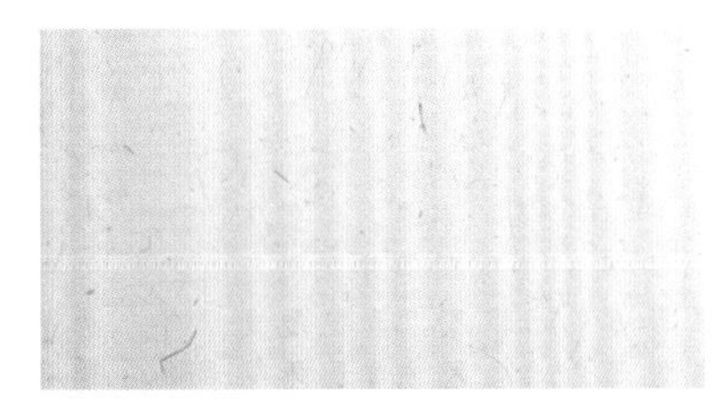

和紙・紙質壁紙

【外觀】基本上是平坦的，但也會因為混合素材而呈現凹凸感。給人柔軟的印象。

【質感】紙本身的質感。

【塗裝】基本上為白色系，但也包含各種傳統花紋。容易塗裝，可以塗上喜歡的顏色，不過經過防水處理的壁紙不適合上色。

【設計傾向】不管是現代風格、傳統風格、西式、日式，都能使用。

【施工性】★★★★（雖然與塑膠壁紙相同，不過這種壁紙會因水分而伸縮，所以施工難度稍高）

【價格】★★★★★（約1000日圓起／㎡）

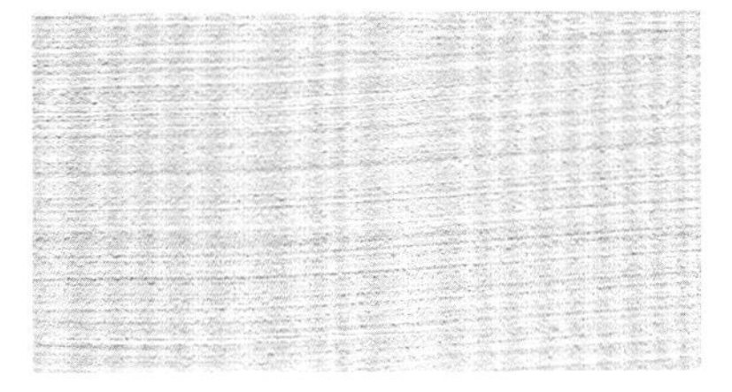

矽藻土

【外觀】基本上很像泥土，不過外表會因為塗抹厚度與結構工法而改變。

【質感】表面沒有光澤，給人一種乾巴巴的樸素印象。

【塗裝】基調為奶油色，可以透過顏料來呈現出各種顏色。

【設計傾向】無論是日式還是西式空間，都很搭。適合用於想呈現泥土質感時。

【施工性】★★★（必須具備相應的專業技術）

【價格】★★（約5000日圓起／㎡）

灰漿

【外觀】依照牆壁粉刷方式，外觀會改變，像是平坦的硬質牆面、觸感粗糙的牆面等。

【質感】比矽藻土更具備石材風格，容易產生光澤。

【塗裝】基調為白色，可以透過顏料來呈現出各種顏色。

【設計傾向】無論是日式還是西式空間，都很搭。適合用於想要呈現出比矽藻土更加艷麗的風格時。

【施工性】★★★（必須具備相應的專業技術）

【價格】★★（約5000日圓起／㎡）

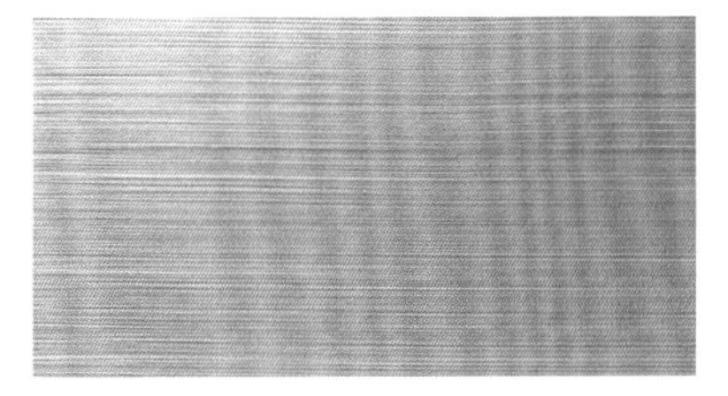

塗裝

【外觀】表面平滑。表面塗料的厚度很薄，所以可以呈現出牆底素材的質感。

【質感】種類很多。採用塗膜的牆面會類似樹脂，採用上色的牆面則容易呈現出牆底素材的風格。

【塗裝】能夠因應各種顏色。

【設計傾向】能夠藉由「顯眼的塗料、協調的塗料、低調的塗料」來調整塗裝在室內裝潢中的定位。也能藉由塗裝來提昇耐久度。

【施工性】★★★★★（也能DIY）

【價格】★★★★★（約1000日圓起／㎡）

椴木膠合板

【外觀】不突顯木紋，給人溫和的印象

【質感】平坦光滑。

【塗裝】雖然什麼都不用做，就能呈現溫和的北歐風格，但只要使用油性著色劑的話，就能提昇高級感。

【設計傾向】適合用於「不是要讓人強烈感受木材的風格，而是想讓人感受木材質感時」。

【施工性】★★★★（在養護與板材縫隙工法的精準度等方面要稍微留意）

【價格】★★★★（約2000日圓起／㎡）

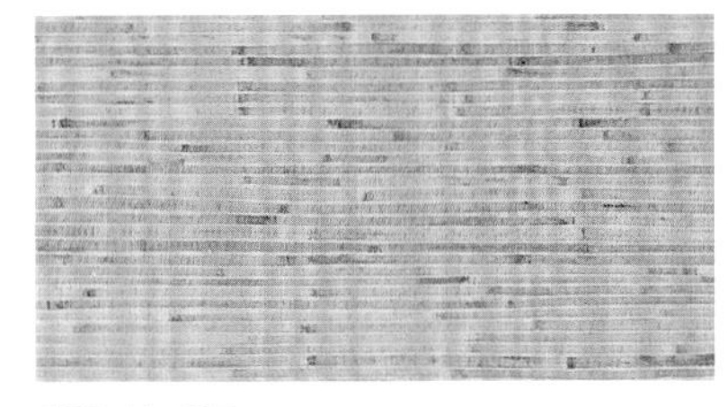

蘆葦板

【外觀】基本上是凹凸不平的。依照底下素材的差異，蘆葦板會產生很大的變化。

【質感】若是蘆葦的話，指的就是蘆葦簾。此外，還有許多種類。

【塗裝】大多為米色～茶色系。

【設計傾向】風格比較偏向和風，由於蘆葦板跟藤席一樣光滑，所以用途很廣，甚至可以用來製作高級的「枝條編結天花板」。

【價格】★★★★（約3000日圓起／㎡，依照素材種類，價格範圍很大）

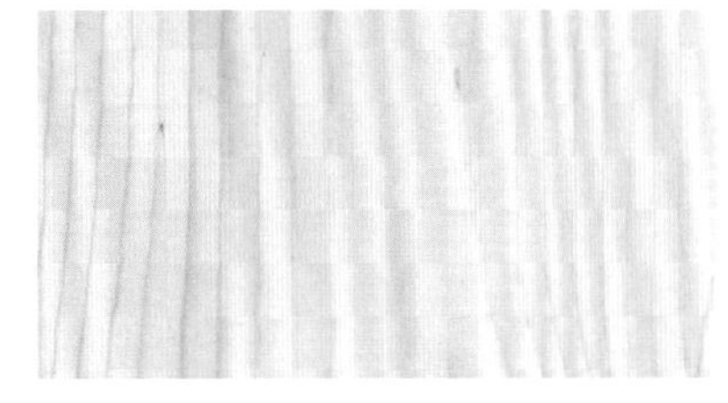

純木板

【外觀】可以感受到木質素材的質感與厚度。依照木紋的差異，給人的印象也會改變。

【質感】雖然會呈現木材質感，但加工程度會對質感產生很大影響。

【塗裝】基本上是木材本身的顏色，也能透過塗裝來改變顏色。

【設計傾向】最近，會在牆壁與天花板貼上純木板的人變多了。刻意保留鋸齒邊的木板也很受歡迎。

【價格】★★★（約5000圓起／㎡）

製作門窗隔扇與窗框・門

5

素材・ 結構材料篇

透過簡約的加工與設計來整合空間時，家具與門窗隔扇等會相對地變得顯眼。尤其是在採用天然素材的自然風設計中，如果在該部分使用市售成品的話，反而可能會使該部分變得顯眼，並破壞整體的一致性。在門窗隔扇方面，大家也應該使用天然素材等與其他加工部分相稱的產品。使用市售成品時，希望大家採用「由真正的原木所製成的簡約產品」。

平面門可以因應各種設計

如果想要簡約地呈現平面門的話，只要貼上樸素的椴木膠合板就行了。藉由塗裝，就能輕易地因應各種設計。想要欣賞木紋的強烈質感與色調時，鑲飾膠合板也是很好的選擇。在這種情況下，也能有效地呈現出高級感。
由於重量過輕的話，就會變得不協調，所以要透過心材來調整重量。

在椴木膠合板製成的平面門上使用歐斯蒙塗料

藉由訂製的方式，就能做出緊鄰天花板的拉門。把門打開時，門窗隔扇就會消失。藉由在椴木膠合板上使用塗料，就能融入各種空間。

藉由在平面門的心材上貼上純木板而製成的拉門

在此實例中，我們在平面門的心材上貼上了長條狀的水曲柳木板。雖然不易呈現如同純木門般的厚重感，但不會變得過重，彎曲情況也會減少。

日式拉門・格子拉門不僅會用於和室，也能用於西式房間

使用日式拉門時，透過貼在其表面的加工材料，就能輕易地呈現出素材的質感，並能輕易地與各種設計風格進行搭配。一般來說，會貼上和紙，不過貼上布或純木板也很有趣。使用格子拉門時，也能透過格子的質感與貼在門上的素材來呈現日式或西式風格。除了和紙以外，也有嵌入竹簾的拉門。

貼上和紙的門窗隔扇與牆壁

門窗隔扇與牆壁比較容易採用相同的材料來製成。在門窗隔扇方面，藉由在雙面都貼上和紙，就能讓正面與背面都採用相同素材。使用銀箔紙來加工也是很有趣的作法。

骨架呈現悠閒風格的吉村式格子拉門

採用了吉村式格子拉門。在室外開口部位的內側，窗櫺的正面部分相當一致。（「盤坐之家」VEGA HOUSE）

框門的風格會因鑲嵌素材而改變

由於門框會呈現厚重感，所以框門會成為空間中的一大特色。一般來說，只要鑲上玻璃，就能產生適度的輕快感，而且容易和各種空間搭配。另外，只要把純木板嵌入純木門框中，就能製作出存在感很強烈的門窗隔扇。相對地，把鑲飾膠合板嵌入純木門框中時，為了避免「素材之間因為重量感的差異而變得不協調」這種情況發生，所以最好採用深色系的塗料，或是選擇具有厚重感的樹種。

鑲上壓花玻璃的玻璃框門

採用較細的邊框與較大的玻璃，就能製作出讓人感受到明亮風格的玻璃框門。玻璃採用的是聖戈班（Saint-Gobain）公司的傳統玻璃框門。

大型玻璃框門的實例

此實例中的花旗松框門是由「SI玻璃公司的方格紋玻璃」與「KAWAJUN公司的門把」所組成的。（「LOHAS studio 熊谷」OKUTA）

突顯邊框的玻璃框門

由SI玻璃公司的方格紋玻璃與花旗松框門組成的實例。藉由在邊框部分使用較深的塗料，就能設計出這種突顯邊框的風格。（「LOHAS studio 熊谷」OKUTA）

市售的木造隔熱門成品

這是腰山公司的木造隔熱門。板材種類為高級花旗松木，廠商將其塗成了薔薇木色。（「LOHAS studio 熊谷」OKUTA）

將窗框的邊框隱藏起來

使用一般的鋁製窗框或樹脂窗框時，尤其是在重要的開口部位，希望大家能盡量把邊框隱藏起來。
因為使用上的便利性而特別難隱藏時，至少也要設法將上方的邊框隱藏起來。

順利將窗框隱藏起來的大開口部位

設法讓窗框變得不顯眼後，開口部位就會變得很清爽。（「盤坐之家」VEGA HOUSE）

室外的木造門窗隔扇

由於室外的木造門窗隔扇容易出狀況，所以我們採用了市售成品（KIMADO公司）。不僅外觀漂亮，隔熱性能與隔音性能等也很出色。

玄關門盡量採用訂製

基於防盜與防火等理由，所以許多人會選擇現成的玄關門。不過，由於玄關門是住宅的門面，也是人們會最先接觸的場所，所以希望大家盡量採用訂製的方式來製作鋼製大門或純木板門等。

採用FERRODOR塗料的鋼製大門

在依照大門尺寸製作而成的鋼製大門上使用與天然素材很搭的FERRODOR塗料（防蝕塗料）。

純柚木板大門

這是縱向貼上純柚木板而製成的鉸鏈門。門把也同樣採用柚木雕刻而成。

透過天然素材來營造出療癒空間的照明設計 6

素材．結構材料篇

只要把屋主設想為首購族，即20多歲～40多歲這個年齡層，就能得知，一般來說，待在家中的時間會以晚上居多。從這種觀點來看，在日落後，空間的視覺表現會變得非常重要。尤其是使用許多質感豐富的天然素材時，藉由有效地使用照明設備，就能營造出質感非常豐富的空間。不過，由於空間的完成度有高低之分，在使用照明設備時，也要充分留意這一點。

確認裝潢建材是否適合使用照明設備

由於照明設備能突顯裝潢建材，所以如果最後加工時，沒有處理得很漂亮的話，燈光反而會突顯該處的缺點。另外，燈光也不應照在沒有特色的廉價素材上。希望大家能進行調整，把照明設備用於美觀的裝潢建材上。

質感很美，平面上沒有任何異狀

在這個實例中，我們使用了「可調式下照燈（Universal Down Light）」來照射純柚木地板與灰漿牆壁。藉由從上方來照射牆壁，素材的質感看起來就會很突出。

透過美麗的木紋、天然素材的深度與安穩感來營造空間風格

在此實例中，我們使用聚光燈來照射顏色分散的純木瓜海棠木地板。藉由明暗的差異來讓人感受木瓜海棠木的深度質感。

選擇顯色性高的照明設備

顯色性指的是，光源照射在物體上時的顏色逼真程度。想要美麗地呈現裝潢建材時，顯色性會成為一項重要的指標。顯色性高的光源包含了白熾燈、與白熾燈屬於相同類型的鹵素燈泡、迷你氪氣燈泡等。透過LED也能製造出顯色性出色的產品。

無燈罩的白熾燈

在客廳與寢室等能讓人放鬆的場所，最好使用暖色系的溫和光線。在這間寢室內，我們採用了與天然素材也很搭的陶瓷燈座和白熾燈，並裝上了調光器。

使用鹵素燈泡製成的聚光燈

廚房必須很明亮，不能被陰影遮住。從這點來看，只要在軌道燈座上使用鹵素燈泡製成的聚光燈，就能比較自由地改變照明方向與燈泡數量，並提昇顯色性，所以料理看起來也會很美味。不過，由於燈泡會發熱，所以使用發熱量低、顯色性高的LED燈泡也是個好方法。

使用下照燈・聚光燈直接照射素材

裝潢建材是室內裝潢中的重點。為了呈現素材質感，最好避免採用日光燈等全室照明設備（或是將其當作輔助光源），並改成透過下照燈・聚光燈來有效地照射素材。如果裝潢建材的質感與外觀很出色的話，空間的風格就會變得更加豐富。

使用聚光燈來照射家具與地板表面

雖然在拍攝當時，聚光燈照射在收納櫃與純木地板上，不過之後會依照掛在牆上的畫作與家具的擺設位置來更改照明方向與燈泡數量。

使用下照燈來照射灰漿牆

在拍攝當時，可以呈現灰漿牆的質感與用來當作檯面的厚實純木板。由於牆上會掛上畫作，檯面會擺放裝飾品，所以下照燈也能用來照射那些物品。

不要輕易地採用「結構性照明設備」

結構性照明設備是一種基本款間接照明設備，能有效地呈現室內裝潢。但由於在設計初期就必須固定照明位置，所以設計難度很高。沒有足夠的模擬成果或經驗時，最好還是避免採用這種設備。不過，藉由有效地使用這種設備，就能使空間風格變得更加豐富。

用光源照射馬賽克磁磚的實例

在此實例中，我們透過設置在洗手台收納空間下方的白熾燈來照射馬賽克磁磚牆與洗手台。為了隱藏照明器具，並同時將其當作門把，所以我們會把收納櫃的門往下延伸。

用光源照射玄關大理石地板的實例

透過設置在鞋櫃下方的白熾燈來照射鋪設在玄關泥土地上的大理石地板。除了能突顯大理石的質感以外，還能減輕鞋櫃的壓迫感，讓地板表面變得寬敞。我們在收納櫃中央的門上貼上了鏡子。

運用有質感的吊燈・檯燈

使用吊燈・檯燈時，由於燈具本身會對室內裝潢產生很大的影響，所以必須注意燈具的形狀與素材。尤其是附有燈罩時，燈罩最好選擇高質感的素材（紙・玻璃等）。

玻璃吊燈

廚房內有個吧台，住戶可在此吃點輕食，吊在吧台上方的吊燈很受業主喜愛。在確保亮度方面，也能透過天花板上的下照燈來提供照明。此吊燈可說是一種象徵意義很強烈的照明器具。

能使人放鬆心情的浴室設計

素材・結構材料篇

浴室的設計最能呈現治癒效果與舒適感。在這方面，「把自然環境融入室內的方法」與「巧妙地呈現天然素材的方法」會變得很重要。根據這些條件，磁磚浴室會是最佳選擇。由於浴室本身是個特別狹小的空間，所以最好一邊盡量提昇視覺上的寬敞感，一邊巧妙地將植物等天然素材融入浴室。另外，我們也必須設法運用裝潢建材與照明規劃等方法來營造出看也看不膩的景色。

在浴室裝潢方面下工夫

在進行浴室的裝潢時，防水性與耐久度是必要條件。
在適合自然風設計的素材中，石材與磁磚應該會是適當的選擇。
在選擇地板建材時，為了防滑，所以最好選擇「有很多接縫的素材」或「有凹凸起伏的素材」。
想使用木材時，要充分留意通風與防漏措施，並將木材用於腰部以上的部分或天花板。

由藍色與白色的磁磚所組成的浴室

浴缸側板以下的部分採用藍色磁磚，這樣就能打造出一個不會太藍的藍色風格浴室。磁磚表面的變化能呈現出自然風格。

由白色磁磚與苔綠色石材地板所組成的浴室

白色磁磚與上圖相同，不是成形後就直接拿來用的產品，而是可以感受到手工痕跡的自然質感磁磚。盡可能不要切割，而是直接使用一整塊，而且各部分的磁磚都會依照接縫來鋪設。

採用軟木地板的浴室

由於踏感柔軟，不易變冷，所以很少會發生熱休克現象，而且也可以在更衣室等處以外的房間使用軟木地板，使其相連。軟木地板與自然風設計的契合度當然也很高。

巧妙地將自然環境融入室內

無論如何，從浴室的窗戶所看到的景色必須得讓人感到安穩才行。因此，我們要巧妙地擷取窗外的景色。當我們無論如何都無法順利地擷取窗外景色時，我們可以有效地設置中庭或種植草木，設法讓自然景色出現在窗外。

巧妙地運用中庭的浴室

這是位於住宅區內的浴室，我們在最小限度的中庭內種了竹子。雖然中庭深度僅有60㎝，但裡面種有植物，風會通過此處。只要一坐進浴缸，就能看到飄在天上的雲。

將周圍景色融入其中的半露天浴池

在此浴池中，朝向中庭的這面採用完全開放式設計，可以感受到露天浴池般的氣氛。當浴池邊緣的熱水在晃動時，窗外景色也會同時映照在水面上，使浴池更能呈現出與自然融為一體的氣氛。

讓水看起來很美

在浴室內，水的外觀也是要留意的重點。透過水的外觀，就能非常有效地讓人感到安穩。
由於人們會在晚上洗澡，所以照明會變得特別重要。建議採用鹵素燈泡。
鹵素燈泡可以讓水面的波紋看起來很美。此外，顯色性高的照明器具也能產生相同的效果。

藉由日光
來讓水面看起來很美

這是設置在室外露台上的陶瓷露天浴缸。在日光照射下，水的波紋顯得非常美麗。另外，一邊在夜空下看星星，一邊泡澡，也能夠治癒人心。即使只有一部分也好，希望大家能把自然環境融入住宅內。

藉由鹵素燈泡
來讓水面看起來很美

只要使用顯色性很高的鹵素燈泡所製成的聚光燈，就能讓建材看起來很美。燈光同樣也能讓水面看起來很美。洗澡時，只要看著搖晃的水面，內心就會被治癒。

從室內看到的戶外景色的設計

8

素材・結構材料篇

在思考自然風設計時，最好要能夠把自然環境本身融入建築中。從這種觀點來看，「巧妙地把室外的自然景色融入建地中」，或是「以借景等方式巧妙地擷取窗景」，都是不錯的方法。如果房子位在住宅區的話，就必須在草木種植與窗景的擷取方法上下工夫，盡量避開不想看到的景色，設法積極地呈現自然景觀。

景色呈現方式的設計

窗景的擷取方式會大幅影響所看到的景色。在設計時，要兼顧外觀與功能性。
尤其是客廳與浴室等處，最好要依照從室內看到的景色來決定窗戶的位置。
若地點在都市地區的話，以落地窗與高側窗為主，並把落地窗設置在中庭或小庭院也許是個不錯的方法。

將行道樹融入室內的縱長窗

由於行道樹的茂密葉子出現在適當的高度，所以我們設置了能將景色融入室內的縱長窗。

透過設置在挑高空間上方的高側窗，只能看到天空

在此實例中，我們把用來當成排煙窗的高側窗設置在天花板邊緣。雖然住宅座落於都市地區，但只看得到天空。在夏天，這扇窗也能發揮通風作用。

設置在走廊盡頭的落地窗

如果把窗戶設置在一般位置的話，訪客就會看到室內或多餘的景色。在此處，透過落地窗只能看到庭院的一部分與露台。

建築物與圍牆最好採用低調風格

原則上，建築物採用低調風格的設計會跟自然環境比較「相稱」。
基本上，外牆或圍牆最好使用樸素的顏色，像是灰色、黑色、深褐色等。
想要加上顏色，使其變得明亮時，只要降低亮度或彩度的話，應該就會變得比較容易與自然環境融合。

在圍牆上塗上接近黑夜的顏色，避免圍牆變得顯眼

在圍牆上貼上塗成深灰色的板材。由於這樣的背景可以突顯主要的栽種植物，所以我們會透過深色來盡量使圍牆變得低調。

The Rule of the Housing Design

在設計整修方面
應該先了解的事

現今的業主所追求的「整修空間」指的是什麼？

由於整修會受到原有建築與成本的限制，所以理想與現實之間的衝突會比新建住宅來得嚴重。雖然透過定額方式可以順利地掌握折衷方案，不過由於市場的擴大，無法滿足於那種方案的客層正在增加中。這種新的折衷方案就是「設計整修」。

透過〔進攻×防守＝現實〕來思考顧客的需求

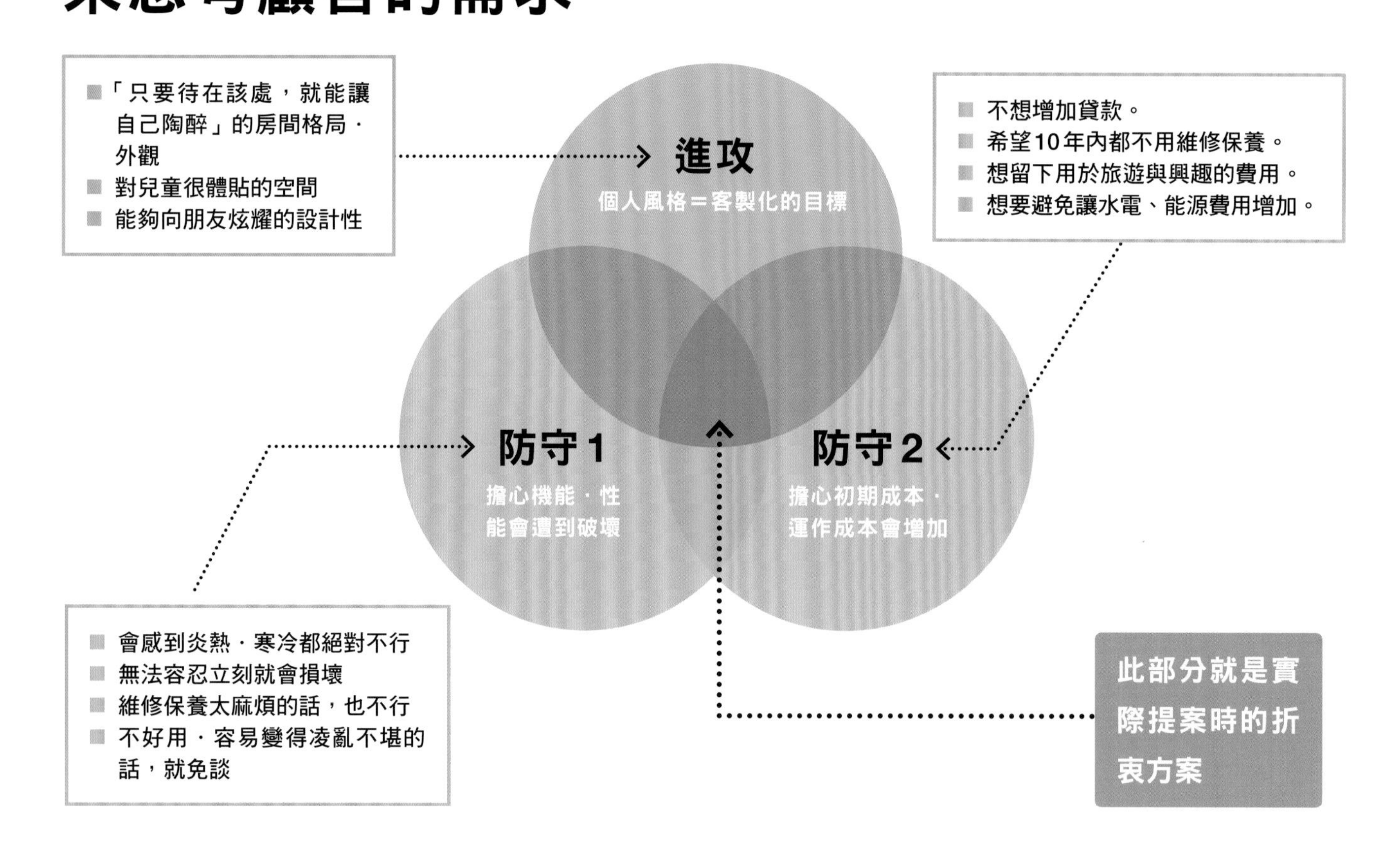

在進行屬於「設計整修」範疇的大規模整修時，業主所追求的目標並非只是恢復住宅的功能，而是要讓房子看起來像新家。因此，現今的業主都會追求這種住宅設計趨勢。當然，只要運用最近的建築技術的話，就能實現大部分的目標，不過在進行整修時，還是會遇到一項很大的障礙。這項障礙指的當然就是預算。

無論財力如何，都要謹慎使用預算

民眾不選擇蓋新居，而是選擇大規模整修的理由很明確。因為民眾不想像蓋新居那樣，花那麼多錢。整修費用的最大值約為蓋新居費用的七成。無論財力如何，在整修中，首先要考慮的就是「預算的上限」這項限制因素。在實際提案中，很少人會願意像蓋新居那樣，花費超過預算上限的金額。這就是整修的特徵之一。

整修的另一項特徵為，「擔心機能．性能會遭到破壞」。在現代建築中，想要透過目測來正確掌握現狀是很困難的。另外，原有建築與整修部分之間的接縫會成為弱點。再者，我們也會發現「原有建築的隔熱性能等比目前的住宅水準來得低」這種情況。

因此，在某些實例中，如果大膽地進行整修的話，反而會使居住環境惡化。另外，整修工程也會伴隨著「需進行其他修補工程等」的風險。許多業主在進行整修時，自始自終都會謹

在「自然風整修」中，關於設計方案的〔進攻・防守・現實〕（圖1）

進攻	業主的採用度	防守	實際狀況
設置了島型廚房的一室格局LDK。可以開派對，也能注意到孩子的情況。	★	・廚房看得一清二楚，整理起來很麻煩。 ・房間內會充滿氣味。 ・使用高價裝潢建材的面積會增加，導致預算上昇。	・不會有那麼多客人來拜訪，頂多只有在週末，全家人才會聚在一起好好吃頓飯。因此，採用「把料理工作台兼吧台設置在廚房與客飯廳之間的半封閉式廚房」＋「開放式客飯廳」就夠了。那樣的話，廚房周圍的加工也只需採用簡樸的設計。
與LDK相連的木製露台或日光室，可在此用餐。	▲	・總之很花錢。 ・保養很麻煩。	・業主會說「總之，就算沒有那種空間，還是能夠生活，所以需要時再蓋就行了」這種話來說服自己，所以此提案會作罷。
榻榻米房間。可以懶洋洋地躺在上面，或是在此處摺衣服。	★▲	・實際上，會達到適當的使用頻率嗎？ ・不想打掃其實沒常使用的房間。 ・總之很花錢。	・只要在客廳角落設置一個約1.5坪大的榻榻米空間，實用性就夠高了。加工・裝潢部分也能變得很樸素。 ・說得更白一點，只要在居家修繕中心購買組合式榻榻米就夠了（由於可以隨意收納、取出，所以反而比較方便）
大型廚房吧台與水槽	★	・保養很麻煩。 ・總之很花錢。	・如果不常做菜的話，透過市售的廚房＋嵌入式吧台就能打造出最低限度的「自己的城堡」，感受當城主的感覺。
具收納作用的食品儲藏室	★★	・其他房間會變得狹小。	・既不花錢，又能有效整理物品。0.5坪的空間也能製作食品儲藏室。
廚房旁邊的家事房	★	・其他房間會變得狹小。 ・很花錢。	・把廚房收納櫃等的一部分弄成書桌那樣，並設置電信線路的接頭與電源插座。
既寬敞又乾淨的一室格局廁所（註：洗手台與馬桶位在同一個空間）	▲	・其他房間會變得狹小。 ・總之很花錢。 ・清潔工作很辛苦。 ・孩子到了青春期後，也許會感到困擾。	・採用具備玻璃門的高開放感整體浴室。 ・把浴室和盥洗更衣室分開來，兩處採用相同的顏色來裝潢。
丈夫的休閒室	▲	・其他房間會變得狹小。 ・很花錢。	・由於待在家裡的時間很短，所以只好割愛。客廳的角落或榻榻米室會用來放置丈夫的物品。
具收納作用的步入式衣櫥	★★★	・其他房間會變得狹小。	・由於「既不花錢，又能避免衣物變得凌亂不堪」這一點是我們會優先考慮的課題，所以即使只有0.5坪，也要製作步入式衣櫥。
收納量出色，而且又氣派的玄關	★★	・其他房間會變得狹小。	・能保持整潔是最棒的，而且由於面積小，所以不會花很多錢。由於屋主也愛面子，所以會直接採用。
飯店風格的廁所	★★	・如果講究馬桶的話，價格會很貴。	・由於面積小，不會花很多錢，而且很受訪客歡迎，所以會直接採用。
可遮陽的小巧雅緻通道	▲	・很花錢。 ・保養很麻煩。 ・家會變小。	・成本效益太差了，所以不採用。
可以設置家庭菜園，與孩子一起從事園藝活動的庭院	▲	・家會變小。 ・保養很麻煩。	・只使用不費力的最小限度面積（在關東以北的地區，由於有放射線的問題，所以孩子對於園藝活動很消極）。
風格宛如度假飯店與咖啡店般的純木地板	★★★	・光靠樣品，很難掌握其風格。 ・保養很麻煩。 ・很花錢。 ・不能使用地板供暖設備。 ・沒有隔音作用（需使用雙層式地板）	・由於這是整修的主要風格，所以只有客飯廳堅持使用較昂貴的建材（其他房間使用便宜的地板建材） ・必須使用地板供暖設備，又不想使用雙層式地板時，就得採用複合式地板（不過，這種人是主要業主）

業主的採用度：★★★直接採用★★大致上會直接採用★問題被縮小後，才會採用▲基本上，不會被採用

註：製作此表格時，假想的對象是P69的「工務店型的業主」。這類業主的防守能力比「傳統業主」來得強，進攻能力也比「設計事務所型的業主」來得強。

慎地聽從專家的建議。這種情況也會助長「謹慎使用預算」的傾向。

因此，我們不需要像蓋新居那樣追求理想，而是要盡早摸索出折衷方案。這就是整修的另一項特徵。

「折衷方案」尚未被開發

像這樣，在進行大規模整修時，業主會傾向於與專家妥協。「大型住宅建商」所發展的「宛如新居」路線完全符合這種實際情況。

業主的目標一旦變成「設計整修」的話，情況就會有所不同。雖然「具有比蓋新居的業主容易妥協的傾向」這一點是相同的，不過折衷方案卻會完全不同。

實際上，追求「設計整修」的業主與採取「宛如新居路線」的住宅建商之間的意見會產生分歧，找不到理想建商的業主會累積挫折。換句話說，在整修業界中，「設計整修的折衷方案」的理論尚未被建立，此業界存在著商機。

在「自然風整修」中，關於裝潢的〔進攻・防守・現實〕（圖2）

進攻	業主的採用度	防守	實際狀況
如同歐洲住宅般的縱深感灰泥牆	★	・光靠樣品，很難掌握其風格。 ・保養很麻煩。 ・很花錢。	・想將其當成主要整修風格的話，就要堅持在客飯廳採用此裝潢（其他房間則採用壁紙）。 ・若只想要天然素材的話，就用紙質壁紙。想上色的話，就用丙烯酸乳膠漆（AEP）。 ・若只想要全白牆壁的話，就用樸素石材風格的塑膠壁紙。
宛如1950年代的現代主義風格般的大尺寸大理石地板	▲	・光靠樣品，很難掌握其風格。 ・又冰冷又堅硬，所以難以融入生活。 ・保養很麻煩。 ・很花錢。	・很多部分都無法想像，而且又很花錢。風險太大了，所以不採用。
形狀有點不平整的手工感磁磚或馬賽克磁磚	★	・光靠樣品，很難掌握其風格。 ・很花錢。	・很多部分都無法想像，而且又很花錢，所以只採用極小面積。
質感宛如美國或歐洲的老房子般的窗框	★	・很花錢。 ・保養很麻煩。	・由於性能出色，丈夫（屋主）也躍躍欲試，所以我們在考慮，只有客廳的落地窗堅持採用此窗框，或是用木質風格樹脂窗框將就一下。

在「自然風整修」中，關於設備・家具的〔進攻・防守・現實〕（圖3）

進攻	業主的採用度	防守	實際狀況
冷熱適中的溫熱環境（地板供暖設備等）	★▲	・初期成本、運作成本都會增加。	・只有客廳部分採用，或是放棄。
最新型的嵌入式機器	★	・很花錢。	・除了洗碗機以外，總覺得透過國產的「嵌入式風格」產品就能搞定。
最新型的熱水供應・洗澡設備	★	・很花錢。	・熱水供應設備與浴室乾燥機價格便宜，所以會採用最新型。在噴霧器與按摩浴缸方面，如果沒有特別堅持的話，就會割愛。
設計符合自己喜好的照明器具與用水處設備（洗手台、沖水馬桶、水槽等）	★	・很花錢。 ・之後會產生便利性的問題。	・只有客飯廳與玄關的吊燈由業主自己找，其他部分採用設計師的提案。
可以放置手工小物與家庭活動照片的壁龕式陳設架	★★★	・要花一點錢 ・硬要挑剔的話，容易弄髒	・住戶可以用最簡單的方式來裝飾住宅，也不用花很多錢，所以會直接採用。只要提出這種滿是陳設架的提案，業主就會很高興。
與LDK的風格融為一體，且具備收納作用的嵌入式家具	★	・總之很花錢。	・重視收納能力的話，就採用無門的木工家具。重視外觀的話，就透過相同裝潢建材與顏色的組裝式設計來順利打造出收納空間，像是IKEA之類的產品。

業主的採用度：★★★直接採用★★大致上會直接採用★問題被縮小後，才會採用▲基本上，不會被採用

註：製作此表格時，假想的對象是P69的「工務店型的業主」。這類業主的防守能力比「傳統業主」來得強，進攻能力也比「設計事務所型的業主」來得強。

標準化住宅型套裝

那麼，「折衷方案」會變得如何呢？大致來說，客製化程度會比「宛如新居路線」高，套裝化的傾向會比新居來得強。以木造住宅來說，風格就會如下：

①**設計方案**：把浴室・廁所・盥洗室的變動控制在最小限度，不要改變樓梯位置，也不要增設窗戶或改變窗戶尺寸。

②**外牆**：基本上，不隨便更動。頂多只會用密封劑來修補，或是重新粉刷。

③**窗框**：除了外牆要進行全面整修的情況以外，不隨便更動（透過內窗等來增強性能）。若要增設開口部位的話，要選在增建部分施工。

④**用水處的設備**：組合式浴室與廁所採用固定幾種。廚房種類可自由挑選，選擇性比新居來得多。

⑤**室內裝潢**：基本上很自由（與新居相同）。

⑥**家具**：包含廚房設備在內，提案積極度會比新居來得高（這是因為，在設計方案不改變的情況下，如果不更改家具的話，空間的氣氛就不會改變）。

看了這幾點後，大家應該可以了解到重點在於，提昇「室內裝潢與包含廚房在內的家具」的自由度，其他部分則採用標準化設計。大致上可以說，這就是「設計整修」的折衷方案。

〔不同客群〕整修提案的折衷方案

	客群特性	整修傾向與對策
傳統業主 〔30～40歲・首購族〕 	・**家庭年收入**：600～800萬日圓 ・**職業**：中小企業上班族・業務（雙薪家庭，或者妻子有在兼差） ・**孩子**：1～2人 ・**食衣住**：靠連鎖店就能搞定（快速時尚、家庭餐廳＆迴轉壽司、100圓商店、連鎖日用品店） ・**興趣**：丈夫・看足球比賽　妻子・做蛋糕、純女性聚會	・只要能掌握一般流行趨勢的話，大致上就沒問題（業主會極度在意「怎樣才算普通」）。 ・由於許多人都無法自己做決定，所以會完全落入圈套，接受名為「提案」的強迫推銷。 ・藉由家具、紡織品、壁紙等項目的選擇，可以充分感受到訂製感。
設計事務所型的業主 〔30～40歲・首購族〕 	・**家庭年收入**：1000萬日圓 ・**職業**：大企業上班族／公務員／公司經營者・幹部（雙薪家庭，或者妻子是全職主婦） ・**孩子**：0～1人 ・**食衣住**：喜歡素材有內涵的商品（戶外品牌、自然時尚風格、有賣名牌清酒的居酒屋、以小酒館為店名的西餐店） ・**興趣**：丈夫・周遊隱密溫泉、自行車　妻子・收集餐具、養生飲食	・會想要盡量排除自己不中意的東西。 ・想把住宅打造成能追求自己興趣的空間。 ・基於上述理由，所以即使便利性較低或功能較差，也會接受。 ・由於業主有自信能夠掌握生活方式，所以只要業主贊成的話，也會接受理論之外的提案。 ・雖然素材、家具、設備會使用一般產品，不過業主確實想要打造出與眾不同的住宅。
工務店型的業主 〔30～40歲・首購族〕 	・**家庭年收入**：600～800萬日圓・ ・**職業**：中小企業上班族・IT產業／出版／地產開發商／宣傳公司等／設計師・美容師等具備一技之長的職業（雙薪家庭） ・**孩子**：1人 ・**食衣住**：知名複合品牌時尚店（服飾、家具、日用品）、小規模連鎖店（飲食） ・**興趣**：丈夫・慢跑／用iPad上網　妻子・花盆菜園、芳香蠟燭	・只要掌握住宅雜誌的趨勢，就沒有問題（丈夫：20世紀中葉風格・昭和風、妻子：自然風）。 ・透過以嵌入式家具＋金屬器具或照明器具等「物品」為主的訂製產品來滿足「個人風格」。 ・只要能夠說明成本效益，業主就會積極地致力於自主施工（不委託承包商，而是自己親自指揮工程）等，使業主滿意度上昇。 ・雖然業主想要避免「失敗」與「損失」，但業主對於自己的選擇也不是很有自信，所以我們只要積極地說明風險，業主滿意度就會上昇。
年長業主（沒有指定委託人） 〔60～65歲・最後的棲身之所・兩世代住宅〕 	・**家庭年收入**：800～1000萬日圓以上（或者存款超過3000萬日圓） ・**職業**：公司經營者・幹部／農家／無業（除了農家以外，妻子為全職主婦） ・**孩子**：2人（已經能自立） ・**食衣住**：喜歡老店的產品與服務（銀座或著名觀光地區的餐廳、百貨公司、休閒娛樂類專賣店）。也很重視朋友介紹的店。 ・**興趣**：丈夫・繪畫、陶藝、DIY　妻子・爬山、家庭菜園、義工	・雖然需求很普通，但很講究東西的品質，而且意外地喜歡新事物。 ・由於業主對於名牌沒有抗拒力，所以只要產品具備出色內涵的話，業主就會接受施工方的提案。 ・由於夫婦倆實際上處於「室友狀態」，所以在很自然地考慮到這一點的設計方案中，各部分的獨立性都很高。 ・藉由在機能（設備）與性能方面採用最新產品，並將外觀整合成正統風格的話，業主就會給予高評價。

插圖：飯山和哉

了解整修業主想要的設計風格

與建造新居相比，大規模整修在性能與設計規劃方面，會受到限制，因此業主滿意度主要會取決於室內裝潢。在這層意義上，室內裝潢會比蓋新居時來得重要。在本章節中，我們會說明室內裝潢的設計方式與當今的裝潢風格。

雖然業主的喜好千差萬別，不過大致上還是可以看出傾向。在左頁中，我們把業主的傾向做了分類。在整修工程中，由於室內裝潢會成為新設計的主要對象，所以我們在分類時，會以室內裝潢為前提。我們之所以會透過「素材」與「詳細圖」這兩個軸來簡化設計傾向，原因在於，在一般整修實例中，空間配置並沒有什麼特別之處。

理由有三項：

①被視為整修對象的原有建築物並沒有什麼特色。

②比起蓋新居，整修工程的費用能控制在成本效益較高的範圍內。

③多數實例都是能夠整修的範圍受到限制的公寓大廈。

由於空間配置沒有變化，因此空間的風格會取決於表層的裝潢設計。將這一點分成兩個要素的就是左頁這兩個軸。

首先要突顯天然素材

在「顏色・素材」與「詳細圖」這兩項要素中，說到「何者對於空間風格的影響較大」的話，答案是「顏色・素材」。因此，為了掌握業主的需求，正確地問出業主喜愛的素材是很重要的。聽取業主的意見會變得非常重要。

我們也不能忘了「透過語言來進行確認是沒什麼意義的」這一點。只透過語言來溝通的話，解釋範圍會過大，雙方難以取得共識。基本上，我們在與業主進行確認時，必須同時使用實際的建築物或照片等方式來呈現設計主題。

如果是已經確立風格的工務店的話，由於能夠縮小客群的範圍，所以設計起來會比較輕鬆。畢竟，透過網路或參觀會等方式所得知的過去實例應該能夠讓業主自然地列舉出設計主題，讓設計師得知業主想要的空間風格。

如果設計師的風格不穩定，或是不採取固定風格的話，就必須多下一點工夫。關於這一點，建議大家先從網路或雜誌等處找出可以當做主題來參考的圖片，將其彙整起來。

在這個階段，如果把設計方向的範圍縮得太小的話，就可能會偏離業主的需求，所以重點在於，把範圍拉大到某種程度，並大量收集資料。挑出可能會引起業主共鳴的資料，然後一一確認業主是否喜歡該圖片的某處。藉由累積這種工作經驗，就能夠制定出具體的素材計畫。

地板與主題牆是重點

在素材的掌握方面，地板與主題牆會成為重點。只要能掌握這兩項重點，基本上就不會出錯。如同以下所示，可選擇的範圍會縮小至次要風格。

①**現代北歐風格**：亮色系的針葉木地板＋有顏色的牆壁

②**現代加州風格**：老木材製的地板＋很有質感的白色

③**現代日式風格**：無邊框榻榻米＋用來當作牆壁的格子拉門

不過，在被視為當今主流的現代自然風與現代簡約風中，適合用於地板建材與主題牆的素材範圍也很廣。希望大家一邊參考後面的解說，一邊找出各自的必勝模式。

舒適感會取決於細節

那麼，說到「細節不重要嗎」的話，倒也不是如此。設計風格的舒適感會取決於細節。如果細節與目標不相稱的話，業主就會產生「雖然不差，但總覺得有點不對勁」或「雖然不討厭，但感覺有點廉價」之類的反應。與其他公司競爭時，細節會扮演「在最後加把勁」的重要角色。

話雖如此，大致上來看，在施工方面，「清爽風格」正是最近的潮流。感到猶豫時，朝「清爽風格」的方向來思考的話，就不會出錯。

設計整修風格的分布圖

豐富

顏色・素材質感

現代加州風格

California modern

老木材製的地板搭配很有質感的白色牆壁與天花板。照明器具採用工業設計。可看到少許裝飾建材。

現代南歐風格

Southern Europe modern

由多種天然素材所構成，空間的色調為大地色系。採用清楚呈現細節的設計方向。

現代自然風格

Natural modern

由天然素材所構成，整體的色調為白色～大地色系。可看到少許裝飾建材。

現代北歐風格

Northern Europe modern

擁有多種細微差異的白色牆壁搭配主題牆。以消除裝飾建材的設計方向來進行整合。

現代日式風格

Japanese modern

把榻榻米與格子拉門等代表日式風格的素材拆開來使用。可看到少許裝飾建材。

現代簡約風格

Simple modern

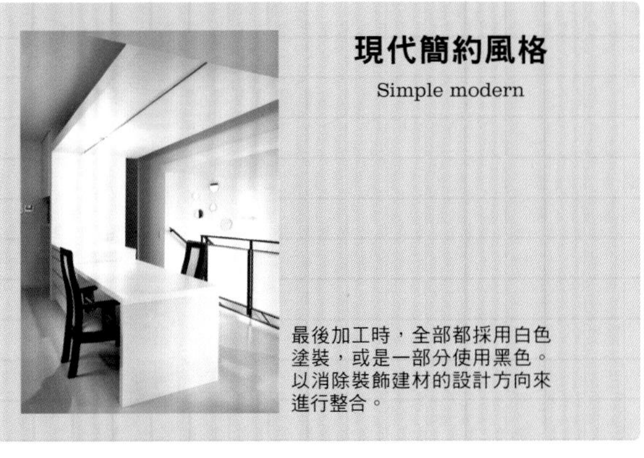

最後加工時，全部都採用白色塗裝，或是一部分使用黑色。以消除裝飾建材的設計方向來進行整合。

需求最多的是現代自然風格，其次為現代簡約風格。雖然需求量多，但呈現方式的自由度高，在應用上，也容易發揮作用。首先，只要先理解這兩種風格的話，就能輕易地掌握其他次要風格的「訣竅」。除了這兩種風格以外，在技術與感覺方面，比較容易讓人採納的是現代日式風格。舉例來說，我們只要在現代簡約風格的空間內採用榻榻米與格子拉門，立刻就會變成現代日式風格。另外，如果能掌握住感覺的話，現代加州風格也是既簡單又容易設計。雖然在喜歡現代北歐風格的業主中，有錢人較多，不過必須採取如同設計事務所般的細膩設計。

清爽　細節　穩重

設計整修的超基本款！徹底分析現代自然風

在大規模整修中，「現代自然風」是最普遍的風格。
由於此風格所涵蓋的範圍相當廣，所以折衷方案的制定也可說是很困難。
在此章節中，我們會把實例當做基礎，
透過設計方案與裝潢等層面來彙整「現代自然風」的重點。

現代自然風 Natural modern

「現代自然風」的起源是由純針葉木地板與白色牆壁、外露的部分結構材料所構成的「木造住宅」。在新建住宅中，木造住宅曾風靡一時。雖然在當時，人們對這種風格感到很新鮮，不過在木造住宅大量出現後，此風格一下子就變得過時。

為了擺脫那種單調性，木造住宅持續地進化，於是「現代自然風」便誕生了。由於裝潢建材的種類變得很豐富，而且人們會透過工作室類設計事務所的技術來使細節變得簡約，因此「木造住宅」的土氣獲得大幅改善。

正因為現代自然風是最普遍的風格，所以至今仍在持續進化中。今後應該採納並掌握的方向性是仿古風格（讓東西看起來陳舊的手法）。這是因為，許多具備這類愛好的屋主所閱讀的「come home!」等生活類雜誌全都提出了這種方向性。

實例：W公館（設計．施工：優建築工房） 攝影：渡邊慎一

徹底分析！
現代自然風的室內裝潢

使用下照燈來當做照明器具

在貼上天花板時，照明器具基本上會採用能清楚呈現天花板表面的下照燈（實例中採用LED）

天花板採用與牆壁相同顏色的壁紙

在成本與功能方面，建議大家在天花板上貼上壁紙。即使裝潢建材與牆壁不同，由於視線距離很遠，所以壁紙能夠自然地融入空間。

透過小型方形建材來製作主題牆

只要使用大地色系的小型方形素材，就能輕易地組成主題牆。在實例中，我們巧妙地運用了這片可看到承重牆的牆面。

主題牆採用了馬賽克石英磚。透過縱向的外側轉角來巧妙地整合牆面。

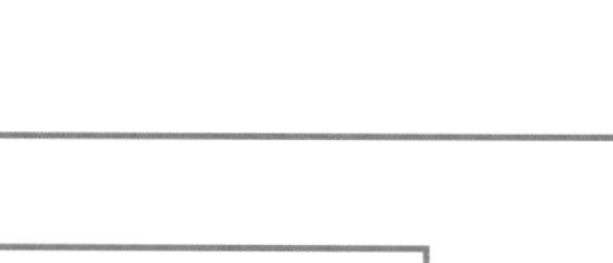

採用造型簡約的白色吊燈

如果採用造型簡約的吊燈的話，與任何風格都很搭。燈罩的顏色最好使用白色。如果優先考慮性能的話，使用聚光燈也無妨（容易應付餐桌位置的變更等情況）。

家具．門窗隔扇採用相同樹種

門窗隔扇、嵌入式家具、擺放式家具等的樹種要盡量一樣。最好採用櫟木．水曲柳木等。即使採用的是不同部位的薄板，薄板也能輕易地融合在一起（實例中採用水曲柳木）。

門窗隔扇的表面板材與家具皆為水曲柳木。

在飯廳內設置大容量的收納空間

即使採用的是封閉式廚房，也應該要在飯廳內設置一個配膳台兼收納櫃。這樣就能使其成為室內裝潢中的特色，廚房也不易變得凌亂。

「現代自然風」是一種能將以天然素材為主的室內裝潢整合起來的風格。
藉由使用多種素材來營造豐富印象的同時，
「減少樹種的使用數量」與「細節的一致性」等能呈現「壓抑感」的部分也很重要。

確實加上天花板收邊條，或是完全不使用

在使用灰泥建材時，最好加上天花板收邊條。基本上，地板收邊條要與邊框建材配合。使用透明塗料，或是塗成白色。

天花板收邊條的細節。材質為雲杉木。

邊框周圍的細節。材質為雲杉木。

檯面盡量採用純木板

基本上，家具會採用薄板。不過，檯面等手會接觸到的部分還是盡量使用純木板（實心純木板）比較好（實例中採用3片式水曲柳木橫向拼接板）。

櫃檯桌兼收納櫃的檯面採用純水曲柳木（3片式橫向拼接板）

適度地用白色來呈現牆壁的質感

在牆上塗上白色塗料，或是採用灰泥。
適度地增添質感。

地板採用亮色系的針葉木

在地板木材方面，建議採用松木或樺櫻等亮色系的廉價針葉木（實例中採用松木）。

地板木材採用無塗裝的松木。

榻榻米區採用正方型的無邊榻榻米

榻榻米區的大小約為1～1.5坪。最好採用正方型（半張榻榻米大）的琉球榻榻米。

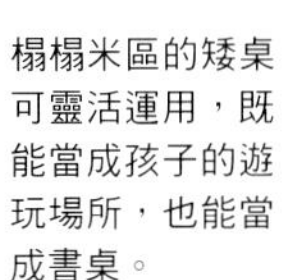

榻榻米區的矮桌可靈活運用，既能當成孩子的遊玩場所，也能當成書桌。

採用榻榻米＋沙發時，可擺放多功能矮桌

設置榻榻米區時，建議在沙發旁擺放可同時當成咖啡桌的矮圓桌（圓形和室桌）。

4. 水槽前方的小窗的開放視野可以給予黑色磁磚適度的輕鬆感。
5. 雖然是半封閉式廚房，但只要在翼牆上設置開口，就能打造出開放的視野。

透過「開放的視野」來調整廚房的完成度

與廁所、浴室相比，廚房在排水路徑與坡度等性能方面會遭遇到的問題比較少，因此在技術上，我們可以大膽地更改配置。雖然也可以採用島型廚房等完全開放式的廚房，但在木造住宅的實例中，只要以原有的房間格局為基礎，並考慮到方便性等問題的話，最後大多會採取半封閉式廚房（在公寓大廈的實例中，由於大多會把房子拆到只剩骨架，所以開放式廚房的比例會增加）。

在這種情況下，由於在視覺上，廚房與客飯廳是分開的，所以只要使用更具個性的結構工法，就會使整體印象變得豐富。此時，只要設置小窗戶，適度地讓牆上出現開口，就能避免沉悶的印象，使空間呈現適當的氣氛。同樣地，藉由讓「廚房與收納櫃的把手、收納櫃、骨架的連接工法」等細節變得一致，就能減少沉悶感。

1. 不鏽鋼檯面與水曲柳木面材、黑色磁磚之間呈現出絕妙的平衡。
2. 櫃門把手的細節。讓該處與照片3的天花板之間的連接工法與可視部分呈現一致性。
3. 吊櫃與天花板之間的連接工法。該部分與骨架之間看起來有如被切開一般。

自然地呈現由「無開口牆面」所構成的壁龕

在木造住宅的整修中，幾乎總是能夠透過無開口牆面來製作出壁龕空間。雖然這也可以說是具有整修風格的空間，不過藉由讓此空間看起來像是刻意製作出來的，就能讓整修後的空間看起來宛如新居，並呈現出「宛如從頭製作而成」的自然印象。

基本上，我們會在壁龕空間內設置小書桌與收納櫃，將其當成迷你書房或迷你家事房。基於尺寸或設計方案上的考量而難以設置這類場所時，只要設置收納櫃，就能輕易地融入該空間。此時，為了自然地呈現其外觀，我們會選擇把用來當作緊鄰天花板的收納空間的「無開口牆面」完全隱藏起來，或是把與收納空間密切結合的「無開口牆面」當成主題牆來看待。

藉由分散功能來讓玄關變得寬敞

老房子的玄關往往都是既狹窄又昏暗。因此，在進行大規模整修時，許多業主都會想要擁有既明亮又寬敞的玄關。首先，我們要將走廊等處納入玄關空間，使實際空間變大。有效的方法包含了「把玄關與走廊當成泥土地空間，使其融為一體，並讓起居室與地板交界處的高度變得一致」等。由於實際建築面積也會變大，而且來自其他房間的光線會照進來，所以玄關會變得很明亮。

一般來說，想要提昇開放感時，設置在玄關的鞋櫃、衣櫥、穿衣鏡等物的使用方式會是問題所在。從這一點來看，「把玄關與走廊當成泥土地空間」這種做法是有效的。藉由讓玄關空間變得寬敞，我們就能夠把那些物品搬到與泥土地空間相鄰的其他房間。如此一來，阻礙玄關變寬敞的因素就會減少。

6. 從泥土地空間觀看玄關。位在右側的是廁所、浴室、書房等房間。
7. 玄關側面牆壁上設有扶手。藉由雙層式設計，就能讓扶手看起來像鞋拔或掛傘架。
8. 在朝向泥土地的書房內設置可放置外套等物的收納空間後，玄關就會相對地變得清爽。
9. 把玄關內不可或缺的穿衣鏡鑲在廁所拉門的牆面上。
10. 在泥土地與LDK的交界處設置鑲有玻璃的框門。把門關上後，泥土地部分就會呈現出旅館般的氣氛。

11. 利用「無開口牆面」製成的迷你書房。
12. 與照片1同樣都是與無開口牆面密切結合的收納空間。
13. 照片2的牆壁背面被塗上磁性漆後，變成了布告欄。
14. 在與收納空間密切結合的牆面轉角部位貼上原石磁磚。

現代簡約風　Simple modern

設計整修的超基本款！徹底分析現代簡約風

在大規模整修中，「現代簡約風」的普遍程度僅次於「現代自然風」。
雖然基本上是「全白」，但此風格會持續進化，
像是「白色＋具有素材質感的主題牆」、「白色＋黑色地板」等，細微差異變得很豐富。

設計：建築設計事務所「Freedom」

「現代簡約風」的起源是「建築師住宅」。西元2000年時，由工作室類設計事務所親自撰寫的住宅資訊透過媒體大量地流傳到各地。在個性強烈的住宅群中，名為「全白」的空間被選為一般人所喜愛的風格。

這種「全白」風格原本是一種用來傳達「空間配置的巧妙」的方法，偶爾也能兼用於調整成本。一般來說，人們會將其視為一種室內設計的風格（目標）。這就是「現代簡約風」。

在低成本住宅與整修工程中，人們藉由把空間中的室內裝潢去掉，大規模地將「現代簡約風」當成一種室內裝潢風格來採用，使其變得很普遍。在這方面，由於人們為了突顯特色，所以此風格最近反而有時會變得多元化。稍微脫離「全白」的設計應該會成為今後的走向吧。

1. 雖然空間採用「全白」設計，但我們會藉由設置中間色的水槽、鮮明色系的家具來整合出休閒風格。
2. 水曲柳木地板上的小地毯很顯眼。小型陳設架可以有效成為白色牆面的特色。

徹底分析！
現代簡約風的室內裝潢

省略天花板收邊條

藉由採用FUKUVI公司的裝飾建材等來省略天花板收邊條。在預算較低的情況下，可填入密封劑。

省略天花板收邊條，使用三角密封劑等來收尾。

在照明方面，採用下照燈，並將數量控制在最低限度

由於簡約風格是最重要的，所以照明當然會採用下照燈。為了減少照明數量，所以如果能夠合併使用間接照明的話，效果就會更好。

有大牆壁時，也可以採用間接照明。

天花板採用廉價的塑膠壁紙

若要追求成本效益的話，天花板就應採用塑膠壁紙。在廉價品當中，只要選擇「顏色最接近純白、具備適度質感」的產品即可。

如果追求的不是「全白」，而是白與黑（深褐）的對比時，也很適合採用木質天花板（不過，天花板高度與面積要達到某種程度才行）

透過主題牆來調整氣氛

雖然有「全白」這個選擇，但「設置主題牆，並採用高質感素材」也是不錯的作法。我們也可以利用廚房火爐前的牆壁來緩和氣氛。

廚房上方的照明採用聚光燈

由於在此處做菜時需要照度，所以要在軌道燈座上安裝白色聚光燈。這種燈與休閒風格的空間特別搭。

使用吊燈時，最好採用形狀既簡約又有趣的產品。在高級住宅中，也很適合採用INGO MAURER公司的產品。

要把樓梯當成藝術作品來看待

在白色空間中，樓梯會跟家具一樣顯眼。只要好好地掌握要呈現的要素，就能發揮成效。透過樓梯的顏色來進行調整，使樓梯變得顯眼，或是與其他部分融合。

透過廚房的表面板材來調整氣氛

採用開放式廚房時，我們能夠在空間內看到廚房的表面板材。我們既可以配合空間風格，用白色來使其融合，也可以採用中間色系的表面板材來緩和氣氛。

相連的空間會對「全白」風格產生很大的效果

在「全白」風格的空間中，由於人們會輕易地注意到空間的連接，所以能夠突顯出客廳樓梯等開放空間的悠然氣氛。為了避免空間的連接在視覺上受到阻礙，所以我們也要留意扶手的設計。

挑選家具時，要考慮特色

在白色空間中，由於地板・牆壁・天花板會成為背景，所以擺放式家具會很顯眼。在休閒風格的住宅中，可以試著用顏色來增添趣味。在高級住宅中，只要擺放具有象徵性的設計家具，就能成為很好的特色。

雖然「現代簡約風」的基本設計是「全白」，不過也可以整合成休閒風格。
藉由把隔間牆與門窗隔扇等控制在最低限度，就能發揮最大效果。
由於地板．牆壁．天花板沒有存在感，所以必須要留意家具的挑選。

要如何思考空調的配置呢？

如果要追求恬淡的白色空間的話，希望大家能多留意，像是透過天花板嵌入型空調或收納空間來把空調設備隱藏起來。在具備某種程度的顏色與素材質感的休閒空間中，雖然讓空調露臉也無妨，不過還是要注意空調設備本身的形狀。

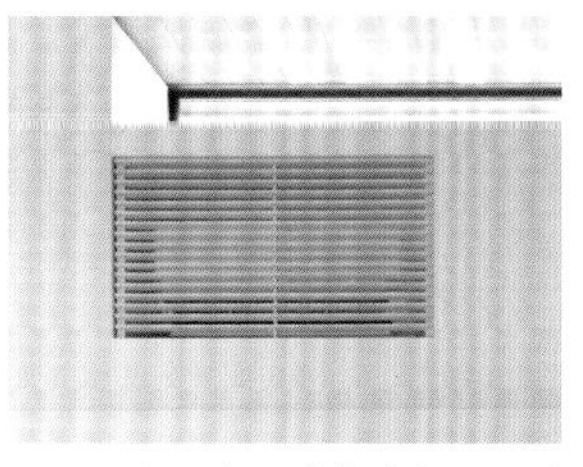

在休閒空間中，雖然讓空調露臉也無妨，不過如果能透過家具等物來將其隱藏起來的話，空間就會變得更加清爽。

基本上，牆壁採用壁紙。若想要偏向自然風格的話，就塗上灰泥

牆壁與天花板一樣，會採用塑膠壁紙。雖然也能使用乳膠漆，不過會有裂開的風險。如果很重視「零客訴」這一點的話，最好還是避免使用乳膠漆。當預算足夠，又想要營造偏自然風的氣氛時，也可以採用灰漿或白色矽藻土。

讓陳設架成為牆壁的特色

為了避免空間變得單調乏味，所以必須在牆上增添一點特色。陳設架能夠有效地成為這種要素。由於陳設物的顏色與形狀容易引人注意，所以會成為很自然的特色。

讓地板收邊條與牆壁融和

透過FUKUVI公司的建材或L型鋁條來讓地板收邊條變得不顯眼。前者很便宜，外觀也和L型鋁條差不了多少。如果屋主會在意「吸塵器的碰撞」等情況的話，可以採用高度約30㎜的白色木質地板收邊條。

要突顯家具還是小地毯呢？

在白色空間中，小地毯會很顯眼。為了避免小地毯與擺放在小地毯上的家具產生衝突，所以如果要突顯家具的話，就應採取「讓小地毯與地板融合」的設計方向。相反地，如果要強調小地毯的話，就應採用樸素的家具。

也可以採用全白的家具，使其與空間融合。在這種情況下，要用其他東西來當成特色。

地板採用白色或黑色

基本上會用磁磚．木地板．長條形聚氯乙烯膜

基本上，地板會塗成白色。若有預算的話，也可採用磁磚。磁磚要依照房間的大小來挑選，若磁磚尺寸在300㎜見方以上的話，就能呈現出高級感。若預算較低的話，也可採用長條形聚氯乙烯膜。也可選擇黑色地板。

想要採用黑色～深褐色的地板建材時，鋪設木地板是最簡單的方法。想要突顯堅硬質感時，就要採用長條形聚氯乙烯膜或磁磚。

1

藉由「省略樓梯豎板＋擴大窗戶」來讓樓梯間變得明亮

在需要整修的老舊住宅內，樓梯間大多都是與玄關或走廊相連的密閉空間。因此，在進行整修時，許多人都希望樓梯間能變成明亮的場所。不過，一般來說，由於在構造上・施工上有很多問題需要研究，而且設計時所要花費的工夫也會相對地增加，所以多數人都不會變更樓梯的位置。

最有效的方法為，增建具備大開口部位的空間，讓光線照進樓梯間。若不想增建的話，也可以選擇「把樓梯下方的儲藏室或廁所等移動到別處，並將樓梯改成鋼骨樓梯」這種方法。藉由設置鋼骨樓梯，就能讓光線從挑高空間照射進來，或是讓光線從廁所之前所在的位置的窗戶照進走廊或玄關。

7

6

5

藉由「省略玄關台階裝飾材」來讓玄關與其他房間相連，並變得明亮

玄關是個會讓人產生「狹窄・昏暗」這類不滿的代表性空間。如同在「自然風格的整修」這個章節中所敘述的那樣，我們首先會從走廊著手。

為了讓空間變得更加寬敞，我們也可以採取「直接連接其他房間」這種方法。藉此，就能更進一步地獲得開放的視野，並使人容易覺得空間很寬敞。再者，藉由與其他房間相連，從其他房間照進室內的光線就會自然地照進玄關，使玄關變得格外明亮。

在此空間內，我們只要搭配使用「上述的樓梯設計技巧」，玄關周圍就會變得很明亮。如果可以的話，希望大家也要進行隔熱性能方面的整修，以避免這種與各房間相連的設計造成能源上的損失。那樣的話，住戶也不需再擔心熱休克現象發生。

5. 在實例中，我們將玄關與走廊整合成相同高度的泥土地空間。
6. 在實例中，我們在增建區設置了較寬敞的玄關，並透過較低的臺階來連接大廳。
7. 讓「與玄關相連的走廊」直接連接起居室，以呈現出寬敞感。

1. 藉由設置鋼骨樓梯，並把樓梯下方的收納空間拆除，就能打造出明亮的空間。
2. 光是把樓梯改成鋼骨樓梯，光線就會照到樓下，改變該處的氣氛。
3. 在增建區域設置樓梯的例子。藉由舒適感與空間配置來呈現空間的特色。
4. 仰望照片3的樓梯。藉由在增建區域設置窗戶，就能使樓梯間變得明亮。

4

3

2

藉由留意視線高度來調整外觀

一般來說，在進行整修時，預算的上限大約為同等級新居的七成。因此，在施工時，必須要有鷹架，而且對於「在拆除上很費工夫的外牆與屋頂」只會進行最低限度的整修，大多不會拆除那些部分。當然，也不太會去改變房屋的外觀。

想要改變房屋外觀時，「增建」是有效的方法。藉由在原有建築的周圍建造新的外牆，就能使建築物的外觀變得煥然一新。此時，重點在於，要從行人的視線高度來思考外觀的變動。

如果只整修該視線範圍內的部分，就能縮小整修範圍，提昇施工效率。再者，當預算很少時，光是在二樓的部分增建陽台，並在陽台四周設置圍牆，氣氛就會徹底改變。

8. 在此實例中，基於預算上的考量，所以只藉由增建陽台部分來調整外觀。從視線高度來觀看該處的話，就會覺得風格有很大的變化。
9. 突顯建築物正面的整修實例。加上了嶄新設計的外牆。
10. 從視線高度來觀察實例2的話，就會覺得建築物正面的輪廓看起來很鮮明，宛如鋼筋混凝土結構。

10

9

8

最新！
設計風格徹底研究

除了「現代自然風」、「現代簡約風」
以外，我們還要介紹擁有忠實支持者的次要風格的理論。
我們只要事先掌握這種變化，就能因應更加廣大的客群的需求，並提昇提案的豐富度。

California modern
現代加州風
設計技巧

「現代加州風」的特徵為混搭風格。
只要能掌握基本理論，就能進行各種應用。

「現代加州風」指的是出現在美國加州住宅內的室內裝潢的總稱。這種室內裝潢可以營造出「度假氣氛」，讓人感受到海洋與乾燥氣候。

其特徵在於，將各種要素融合在一起的風格。基本設計為，將「以老木材為首的豐富素材、鐵製品，以及工業設計的照明器具」進行組合。可說是一種非常重視物件挑選的風格。

由「很有存在感的老木材地板」與「很有質感的白色」所構成的空間（NEW VINTAGE：設計・加州工務店）。

設計：加州工務店 Thanks！NATURE DECOR

徹底分析現代加州風的室內裝潢

鋼製窗框、鐵門、樓梯等鋼鐵製品都是重要的物品。為了避免發生氣密性等問題，所以要將窗框用於室內的開口部位。

老木材可用於主題牆、家具、門窗隔扇。為了吸引目光，所以要設置在不會被其他東西遮住的地方。

基本上，地板會採用仿古木材地板。由於老木材的前端會出現碎裂情況，所以不使用真正的老木材。想要營造現代風格時，要透過聚氨酯塗料來突顯光澤。

基本上，照明器具會採用工業設計產品，復古風格產品。透過照明器具的形狀與顏色來調整「氣氛」。

用於水泥類的水泥磚上的白色塗裝也是白色的主要變化。

在老木材上塗滿白色也是白色的用法之一。貼上「保留了鋸齒邊的任意尺寸板材」後，再塗上塗料。

使用具有質感的白色

由於是住宅，所以我們用了許多白色，並將擁有各種風貌的白色素材進行結合。如果塗上塗料或灰泥的話，就會稍微留下毛刷或灰匙的痕跡。另外，也可以採用老木材或水泥磚等尺寸不一的素材，並在上面塗滿「表面質感很有特色的塗料」。

左：塗上灰泥後，會留下細微的灰匙痕跡。
中：由於尺寸不一，所以即使在質感粗糙的老木材上塗滿塗料，還是能夠呈現風味。
右：塗滿塗料後的水泥磚也別有風味。

照明器具採用工業設計產品

工業設計產品的種類豐富，容易挑選。

工業設計照明器具可說是20世紀中葉現代風格的代名詞，而且十分適合此風格。由於產品給人的印象是「重視功能，且堅固」，所以包含了「如同有機體般的形狀、色彩鮮明的產品」等廣泛設計，能夠很方便地調整室內裝潢的「氣氛」。

積極地運用仿古風格

地板會以仿古木風格的地板為主。由於真正的老木材容易發生前端碎裂現象，而且不能裝設地板供暖設備，所以我們會避免使用真正的老木材。把老木材用於主題牆與家具時，我們會透過「直接呈現粗獷質感的粗獷工法」來貼上真正的老木材。這一點就是重現「復古氣氛」的秘訣。

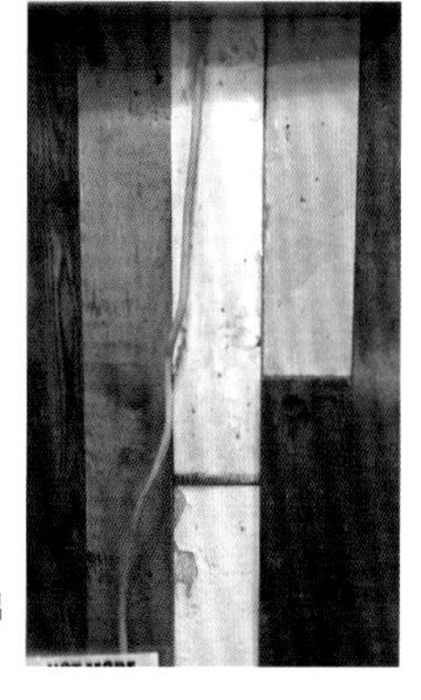

將老木材用於主題牆時，可以呈現出不規則性。

想要偏向現代風格時，只要在仿古木材地板上塗上透明的聚氨酯塗料，就能使地板變得有光澤。

左：由於廚房吧台或廚房旁邊的牆壁等處不會突顯物品，所以這些場所適合採用老木材。
右：老木材製成的餐桌最適合用來營造「氣氛」。不過，採用粗獷風格的施工法時，細節的收尾方式會比較困難。

由「顏色明亮的松木」與「富有質感的白色」所構成的空間。放在沙發上的靠墊顏色會發揮作用。

Northern Europe modern

現代北歐風 設計技巧

此風格是由「有節疤的原色木地板、有質感的白色牆壁、主題牆」所構成的。

整體上的氣氛不會變得甜美，而是很優雅，同時也具備平易近人的柔和感。「現代北歐風」指的就是那種宛如會出現在ＩＫＥＡ商品目錄中的室內裝潢。

想要營造「優雅的氣氛」時，重點在於，以原木色的木地板與白色牆壁為基調，打造出明亮空間。另一方面，細節最好要簡潔，讓人不會注意到裝飾建材。關於廚房吧台等家具，只要讓細節變得既鮮明又低調的話，就能營造出更加優雅的氣氛。

想要呈現「平易近人的柔和感」時，關鍵在於地板木材的選擇。藉由刻意使用有節疤的松木，就能營造出悠閒氣氛。同時採用具有質感的白色也很重要。如此一來，雖然同樣都是白色，但空間的氣氛會變得柔和。再者，如果在主題牆上採用溫和的漂亮顏色，就能使主題牆變得華麗。

在「所有牆面都會映入眼簾的開放式設計方案」中，這種裝潢建材的轉換會發揮效果。由於我們能夠藉由素材與顏色來讓人感受到「空間特性」，所以此風格與「因為受到結構限制而難以在設計方案上做出變化的公寓大廈的骨架整修」等很是搭配。

在主題牆 使用低彩度・高亮度的顏色

如果想要一邊與白色牆壁・天花板產生對比，一邊與其融合的話，最好使用低彩度・高亮度的顏色。選擇稍微帶點灰色的亮（淡）粉紅色、淺藍色、綠色等。為了避免失敗，我們可以先用較大的樣品來進行確認，或是確實調查其他類似實例。

用淡粉紅色灰漿來完成從書桌兼收納櫃到床鋪周圍的區域。

實例：光丘的松木屋（設計：村上建築設計室）

徹底分析！現代北歐風的室內裝潢

在牆壁・天花板貼上平坦的天然素材壁紙（Runafaser）。為了使其與白色磁磚和杜邦可麗耐（人工大理石）產生對比，所以要讓牆壁變得很平坦。

暖爐與空氣清淨機最好也採用白色。

沙發與靠墊其中之一採用色彩繽紛的紡織品。在空間中，紡織品能發揮強調色的作用。用靠墊來玩設計的話，就能輕易地享受更換圖案的樂趣，因此很適合一般大眾。

由於是白色系空間，所以間接照明的效果非常大。大家務必要考慮採用間接照明。

盡量減少照明數量，並有規則地設置照明器具。想要將空間整合成現代風格時，必須遵守這項鐵則。

在天花板貼上壁紙時，可以選擇省略天花板收邊條，或是透過FUKUVI公司的裝飾建材等來收尾，讓細節變得非常不顯眼。

只要使用「具有各種細微差異的白色」，氣氛就會一口氣改善。因此，想要提昇空間的防水性或耐燃性等功能時，最好採用磁磚。

在窗簾方面，只要使用保有天然素材質感的天然窗簾，就能輕易融入空間。想要營造歡樂氣氛的話，也可採用強調北歐風格花紋的窗簾。

檯面採用可麗耐。在細節方面，要讓檯面邊緣的切面看起來沒有經過修飾。將檯面整合成與水槽一體成型的一體化設計。

由於整體上是白色系空間，所以綠色很顯眼。想要適度突顯自然氣氛時，此方法很有效。

地板建材適合採用松木等亮色系的針葉木。也可採用檜木、赤松木等。

擺放式家具與地板木材採用相同色調。正因為素材的氣氛很溫和，所以設計風格較鮮明的家具會輕易融入此空間。

將間接照明納入照明規劃中

想要讓主題牆發揮作用時，空間的簡潔性會顯得很重要。藉由使用間接照明來減少天花板表面的照明器具。由於空間內有很多白色平面，所以效果很好。使用間接照明來照射主題牆也很有趣。

只要把一般照明改成採用間接照明的「多燈分散照明方式」，就能在夜晚打造出明暗差距很柔和的舒適空間。

只要用間接照明來照射主題牆上的壁龕，就能獲得「滲出效果」，打造出籠罩在顏色中的空間。

細節部分採用既樸素又鮮明的設計

在家具與裝潢建材等的外觀方面，會採用既樸素又鮮明的設計。「無修飾切面・表面對齊・省略裝飾建材」是施工方法的基礎。藉此，空間內就會產生緊張感，牆壁的素材質感與色調會發揮作用。

廚房吧台。可以看到「發揮了可麗耐的尺寸準確度的檯面頂部」所呈現的效果，以及腳邊地板的簡潔施工方法。

把軌道燈座嵌入天花板表面，使兩者的表面對齊。

在牆壁上採用「質感豐富的白色」

在此風格中，白色的質感是必要的。使用「塗裝或壁紙的平坦白色、與其產生對比的白色牆壁」等約兩種素材來呈現質感。也可採用「貼上磁磚、塗上灰泥、在長條狀木板上塗滿塗料」等方法。

表面有細微凹凸的磁磚會很有效。在吧台區與其他素材之間的連接部分，採用省略裝飾建材的施工法。

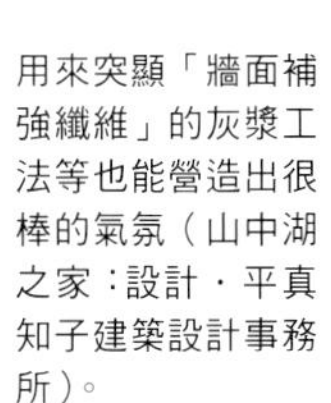

用來突顯「牆面補強纖維」的灰漿工法等也能營造出很棒的氣氛（山中湖之家：設計・平真知子建築設計事務所）。

攝影：渡邊慎一

Japanese modern

現代日式風格
設計技巧

「現代日式風格」的理論在於，
榻榻米地板、關上時能當成牆壁的格子拉門、
矮桌、沙發的配置。

在榻榻米客廳內，總之要採用較矮的家具

榻榻米客廳是一種能夠分別採用席地而坐與西式椅子的方便設計。因此，家具的選擇也很重要。為了配合席地而坐的生活方式，桌子的高度約為30～35㎝。在沙發方面，為了避免與坐在地上的人的視線產生差異，所以矮沙發會比較合適。

在aiboco（相羽建設公司所設立的生活提案空間）內，我們所提出的設計方案為，在各種榻榻米客廳中生活。住戶能夠席地而坐，也能坐在嵌入式長椅或西式椅子上。

「現代日式風格」指的是，將日本建築（日式房屋）所擁有的象徵性要素抽出，然後直接把這些要素與現代的設計方案、各部分的設計理論結合後所產生的風格。因此，除了裝潢建材等象徵性要素以外，不會特意承襲日本的傳統（硬要說的話，頂多只有「席地而坐」這一點）。

在結構方面，此風格類似「外國人所想出來的日式房屋」。實際上，「榻榻米床」這種哈日的外國人似乎會採用的作法很適合此風格。

在此風格中，重點在於日式房屋的各部分所具備的日本味，因此我們在整修木造古屋時，只要保留原有的和風要素，並將其與變動部分結合，就能產生很高的效果。具體地說，就是格窗、壁龕、長條木天花板等。

另一方面，由於象徵性要素（即外觀的設計）是首要重點，所以此風格可以說很適合那種難以改變結構的空間，像是公寓大廈等。

基本上，不管什麼年代，業主對於可以席地而坐的空間的需求都很高，而且我們會跟業主討論「設置這種空間時，是否一定要加入和風要素呢」這一點，所以我們只要先準備豐富的設計與搭配提案，在因應業主的種種需求時，就會很方便。

生活提案空間「aiboco」（相羽建設）是一個適當地將高質感素材整合成休閒風格的現代日式風格範本。

設計：小泉日用品店

鋪設榻榻米時，要進行調整

最能讓人感受到和風的素材就是榻榻米。不過，在設計「現代日式風格」的空間時，必須稍微做改變。像是「省略布邊」、「把預製組件改成正方形等」、「改變榻榻米蓆面的顏色」等。

左：榻榻米蓆面的顏色種類很多，也能訂製組合式榻榻米。黑色（深灰色）與採用柚木或木瓜海棠等地板建材的雅致空間很搭。
右：錛子削鑿風格的木地板也能適度地營造出日式氣氛。

在尺寸上能夠橫放的榻榻米長椅或榻榻米床也是不錯的選擇。由於是擺放式家具，所以可靈活運用，適合用於整修（HANARE）。

透過灰泥牆的防護建材來突顯手工質感

能讓人感受到手工質感的裝潢建材也是用來呈現和風的要素之一。最好不要採用裝飾性的裝潢建材，而是要採用具備功能性要素的裝潢建材。用硬木製成的灰泥牆轉角防護建材、腰壁的防護建材等都很推薦。

在此實例中，我們會透過「在茶室等處會見到的護牆板的施工訣竅」來使用椴木膠合板（VEGA HOUSE）。

在此實例中，我們會透過細木條來保護灰泥牆的外側轉角（VEGA HOUSE）。

調整格子拉門的標準尺寸

格子拉門與榻榻米一樣，能讓人感受到強烈日式風格。與榻榻米相同，格子拉門也需要進行調整。依照常規，我們會如同「吉村式格子拉門」那樣，讓豎櫺與窗櫺的尺寸一致，使其看起來像一扇格子拉門，並在兩面都貼上和紙，讓窗櫺變得較不顯眼。

吉村式格子拉門關上後，看起來就像一扇格子拉門，給人一種很簡潔的印象。

藉由用和紙來覆蓋窗框與窗櫺，就能讓拉門看起來像一面牆。使用WARLON拉門紙來取代和紙的話，就能更進一步地呈現出現代風格。

徹底分析！現代日式風格的室內裝潢

在門窗隔扇方面，採用懸吊門，把滑軌嵌入天花板，讓懸吊門看起來直接連接天花板。

天花板照明採用下照燈，盡量將天花板表面整合成簡約風格。

縮減收納櫃棚板的正面部分的尺寸，並讓長寬尺寸變得一致。

在隔間收納櫃的上方保留開口，以突顯「房屋骨架與收納櫃邊框是分開的」這一點。藉此就能突顯簡潔的印象。由於施工方法很簡單，所以很適合用於整修。

在門窗隔扇與家具等處使用木質類的表面板材時，軟木能夠順利地與其融合。

這種高度較低且保留木材質感的沙發即使放在榻榻米上，也能順利地融入其中。

「吉村式格子拉門」與現代風格空間很搭。現代日式風格的標準配備。

「榻榻米客廳」鋪設的是無布邊的琉球榻榻米。比起弄成雙色格子花紋，還是整合成平淡風格會比較好。

當正面的面積很小時，具有較強烈的木紋或節疤等質感的部分會成為空間中的特色。

靈活運用素材與零件來讓廚房變漂亮

最近，在LDK相連的房間格局中，廚房是很重要的室內裝潢要素。
尤其是從飯廳或客廳所看到的廚房外觀。
廚房外觀會大幅影響LDK空間中的室內裝潢的「成敗」。
在本章節中，我們會將廚房視為室內裝潢，並說明廚房的整合方式。

藉由與飯廳相連，廚房的外觀就會改變

依照廚房的配置方式，從飯廳或客廳所看到的廚房收納櫃與吧台等外觀就會不同。
尤其是收納櫃，由於收納櫃的設置方式會產生很大的變化，所以必須多留意。

廚房正對飯廳時所呈現的外觀

在飯廳這邊設置可自由開關的收納櫃，放置用來裝菜餚的餐具與小東西，這樣廚房就不易變得凌亂，使用起來也很方便。

由於吊櫃也很容易吸引目光，所以要留意此處的搭配。

在此類廚房中，廚房設備與吧台的表面板材會表現在室內裝潢上。如同理論那樣，在選擇表面板材時，要考慮到與地板、餐桌之間的協調性。採用相同色系是最簡單的方法。

廚房與飯廳並列時所呈現的外觀

採用這種廚房時，要把後方的收納櫃兼吧台延伸到飯廳，使其成為飯廳的收納櫃。

從飯廳與客廳可看到很多部分，所以間接照明也會發揮作用。

火爐旁的牆壁大多會很顯眼。在思考與室內裝潢的搭配時，將其設計成主題牆也是個有效的方法。

由於可以清楚看到廚房設備與吧台的側面，所以要多留意素材與顏色的挑選。

上圖：光丘的木瓜海棠木屋 下圖：Nico-House（兩者的設計皆為：村上建築設計室、攝影：渡邊慎一）

掌握現今的廚房風格

隨著室內設計的多樣化，廚房的設計也持續不斷變得豐富。在這些設計中，我們試著挑出了幾種通用性較高的風格。

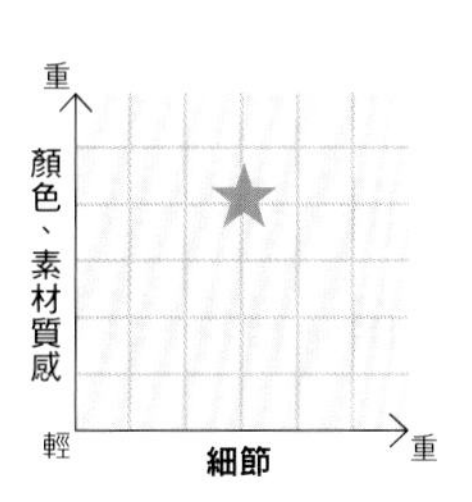

突顯手工質感的自然風廚房

透過「木匠所製作的收納櫃」與「門窗隔扇專家所製作的門」來打造出很有工作室風格的廚房。
這是一種從所謂的「木造住宅」中延伸出來的風格，與現代自然風、現代日式風格等空間都很搭。透過「椴木膠合板製的裝飾邊框」來壓住的櫃門是重點（相羽建設）。

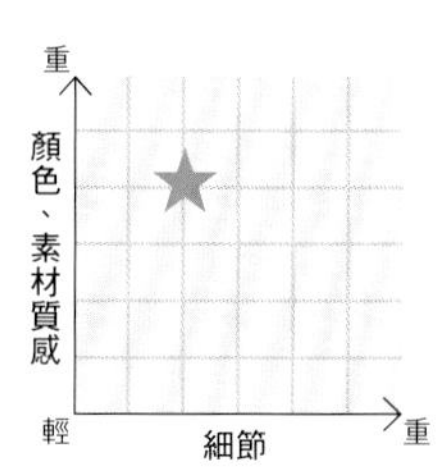

增添了壓抑感與高級感的自然風廚房

一邊透過櫃門的表面板材來呈現木材質感，一邊採用不銹鋼製的吧台檯面與抽油煙機，就能避免空間的氣氛變得過於甜蜜。前方的吧台能呈現純木材的厚度，並營造出適度的高級感（村上建築設計室）。

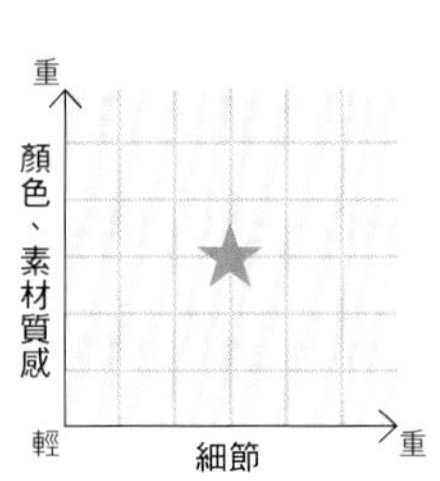

帶有適度鮮明風格的現代風廚房

櫃門等能突顯椴木膠合板的木材質感，並藉此來營造出自然氣氛。相對地，從吧台到側板的部分則會透過可麗耐的切面來營造鮮明的印象。在這種廚房內，素材的溫和質感與線條的銳利風格會互相融合，呈現出適度的緊張感（村上建築設計室）。

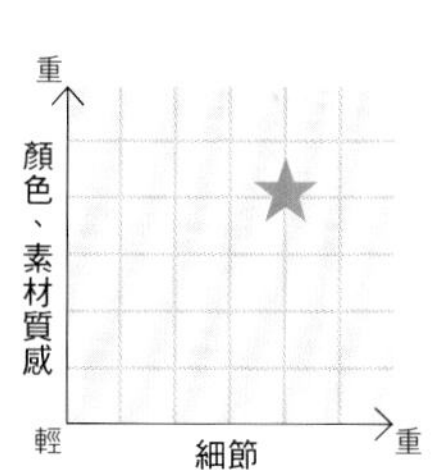

透過色調來增添甜蜜氣氛的現代風廚房

雖然此廚房是由「經過鏡面處理的櫃門」與「人造大理石製的檯面」等工業素材所組成的，不過我們只要透過白色與柔和色調，就能使其呈現出柔和氣氛。藉由使用較明亮的中間色來整合廚房周圍的牆壁，就能讓廚房兼具現代風與柔和氣氛（mocohouse）。

近來，開放式格局成為住宅的主流，位於LDK正中央的廚房也變得不罕見。因此，我們不能只把廚房當成用水處，也必須將廚房納入室內裝潢要素來思考。尤其是在進行整修時，由於在格局與性能方面，業主無法感受到新居等級的「訂製感」，所以業主會強烈傾向於透過室內裝潢來滿足這一點。我們就算說「從室內裝潢的觀點來看，業主所要求的品質比新居還要高」，也不為過。

把廚房視為室內裝潢要素來思考時，「從飯廳或客廳所看到的廚房外觀」這一點很重要。如同P90中的照片那樣，當飯廳與廚房相連時，收納櫃的設置方式也會改變，能明顯看到的部分也會不同。根據這種外觀上的差異，廚房吧台與收納櫃表面板材等的搭配、設計上的處理方式就會產生變化。

基本上，我們會讓廚房與空間的整體風格融合。我們透過這種觀點整理出了P92～94的素材圖表。我們會依照顏色・素材質感與細節這兩個軸，來為各種「吧台材質、表面板材、火爐前方的裝潢建材」加上數值。只要這些項目的平均值（座標軸）與空間的整體風格的平均值（座標軸）吻合的話，應該就能順利地使其融合。

基本上，檯面會採用〔白・黑・不鏽鋼〕

由於檯面的面積很大，所以檯面會對室內裝潢產生很大的影響。
顏色與素材質感當然不用說，邊緣部分的細節也會對印象產生影響。最好要取得兩者的平衡，並使其融入空間內。

不鏽鋼

具有工業製品的獨特堅硬質感。只要使用至少1.2mm以上的厚度的話，雖然外觀不會改變，但會給予使用者一種高級感。

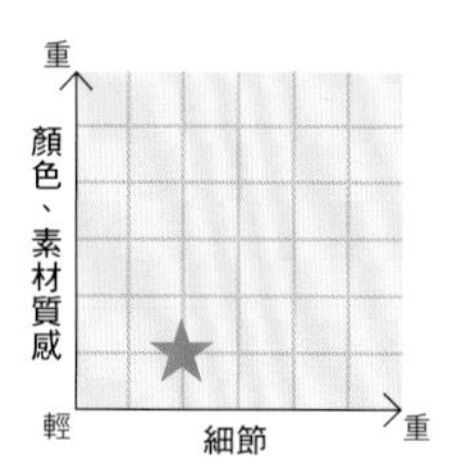

人造大理石／白色

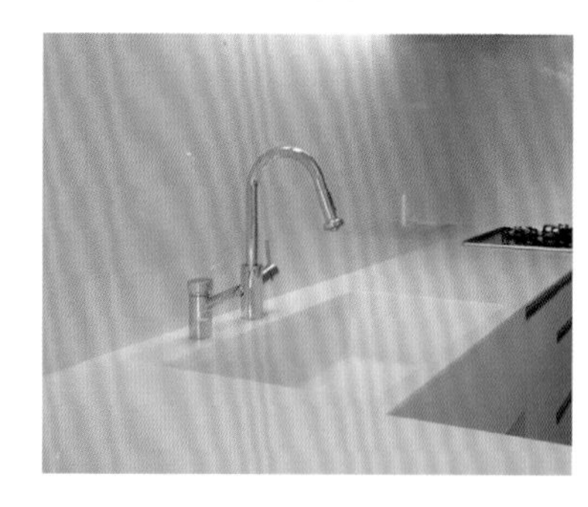

檯面的王道。特色為，雖然是工業製品，但具備某種程度的質感。由於切口很整齊，所以也能呈現銳利度。

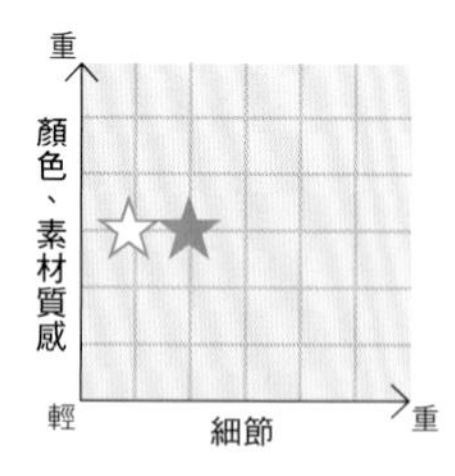

人造大理石／中間色

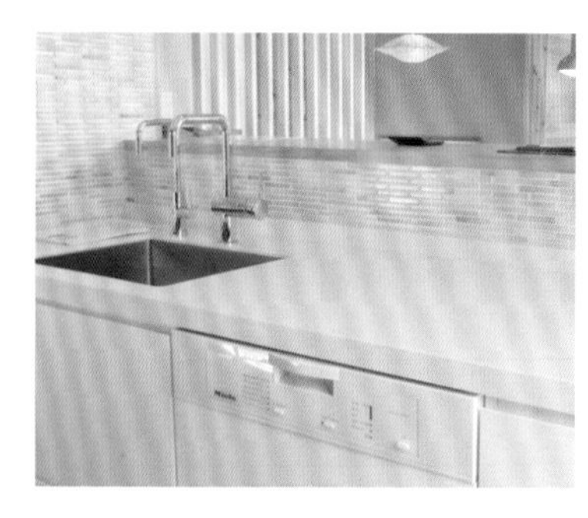

在現代北歐風等風格中，使用中間色來與空間融合也是不錯的選擇。此時，顏色種類較多的人造大理石是很方便的素材。

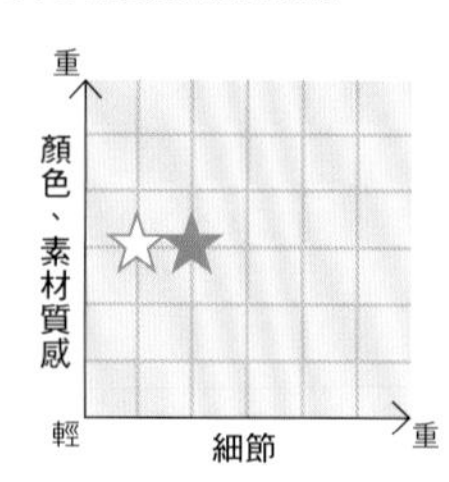

馬賽克磁磚／黑色

適度地混合了「顏色所帶來的厚重感」與「細接縫所呈現的可愛感」。髒汙不明顯也是特徵之一。

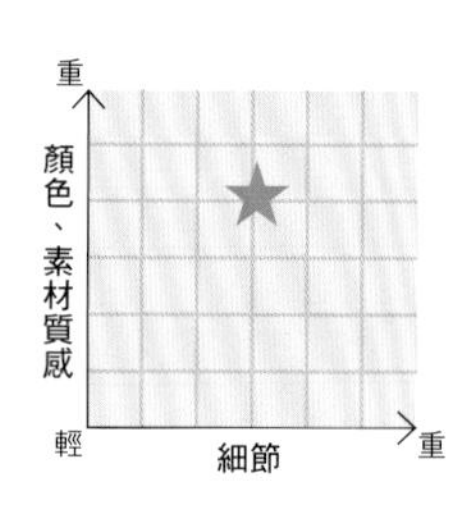

馬賽克磁磚／白色

由「白色所呈現的清潔感」與「細接縫所呈現的可愛感」構成，適用於廣泛風格，是很方便的素材。

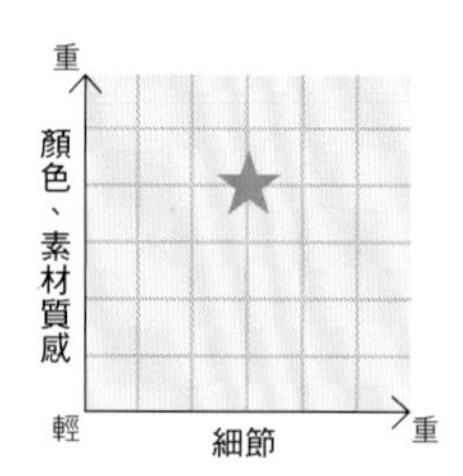

大理石／白色

只有天然素材才能呈現出這種具有深度的素材質感。切面的銳利度也很出色。適合用來呈現自然感與高級感。

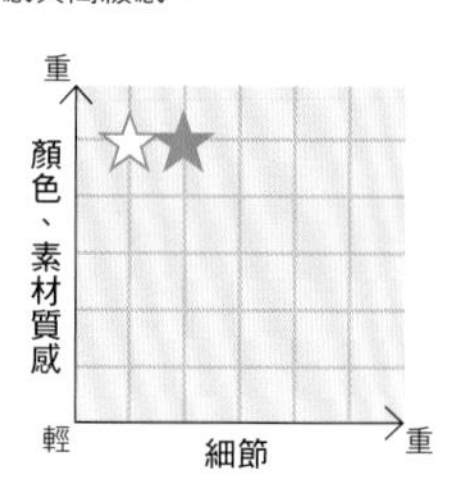

花崗岩／黑色

在「既堅硬又能呈現出厚重感」方面，排名第一。切面也能呈現出銳利度。由於個性很強烈，所以對於空間性質很挑剔。

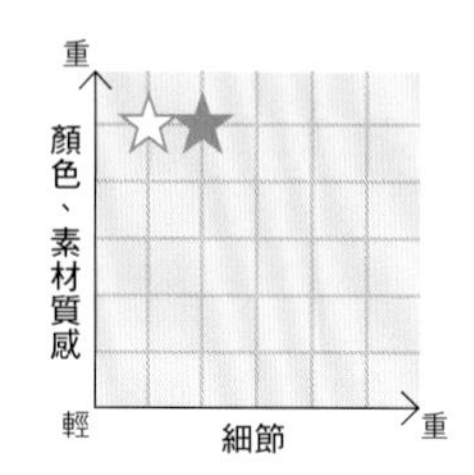

非洲玫瑰木

由於金額與保養方面的因素，所以實例較少。使用防水性很高的南洋木材也是一種有趣的選擇。切面也能呈現出銳利度。

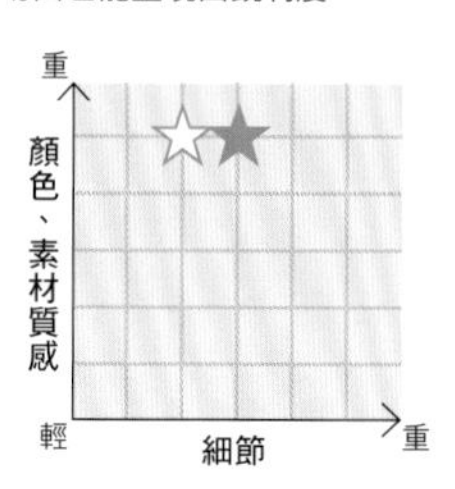

☆：邊緣切面無修飾時的評價

表面板材採用〔木材或白色〕

櫃門的表面板材大多會採用木質類板材、美耐板、塗裝板材等。
表面的顏色．素材質感當然不用說，「做成平面門或框門」與「有無裝飾邊框」等因素也會對櫃門的印象產生很大的影響。

椴木膠合板（有裝飾邊框）

雖然同樣都是椴木膠合板，但只要進行塗裝，質感就會一口氣增高。另外，如果不使用裝飾邊框，細節就會變得銳利。

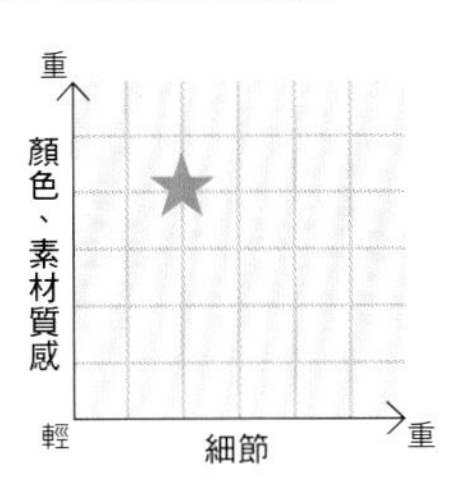

椴木膠合板（無裝飾邊框）

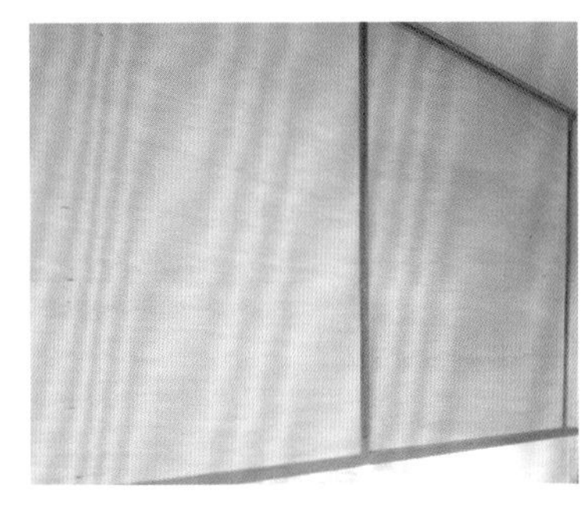

均質的明亮木質類素材。與任何風格的空間都很搭。透過裝飾邊框來調整細節的厚重感。

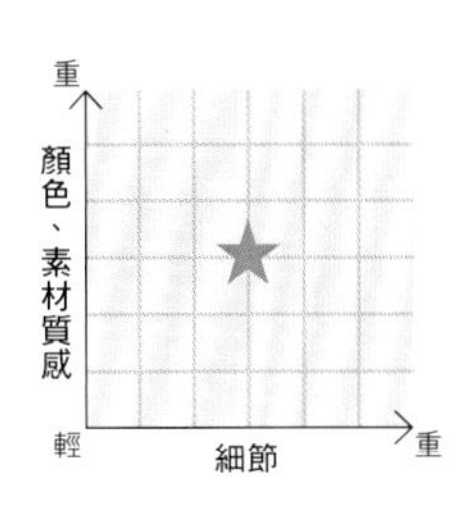

胡桃木（無裝飾邊框）

高級樹種的薄板擁有出色的存在感。不使用裝飾邊框，並讓細節變得很簡潔的話，就能打造出現代自然風格。

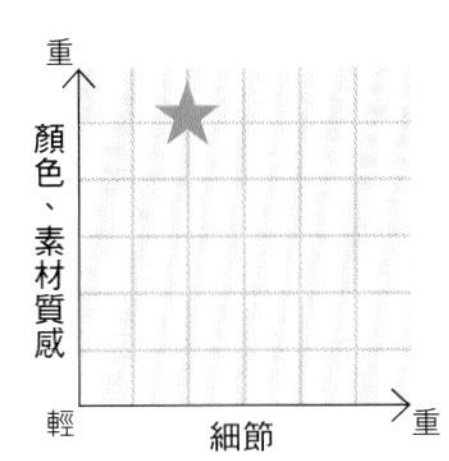

杉木（純木）

想要採用自然風空間時，純木的抽屜與櫃門會發揮極大效果。前面板的邊緣經過處理後，質感就會大幅改變。

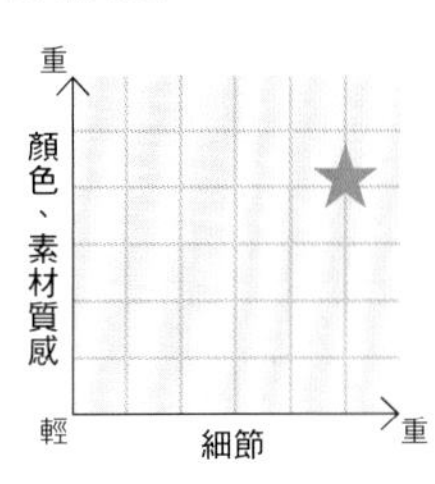

松木（框門）

木紋很清楚的框門會營造出強烈的自然氣氛。想要搭配偏現代風的空間時，需要下一點工夫。

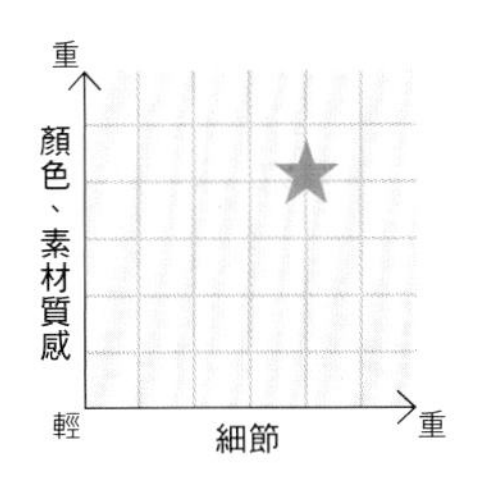

壁紙（有裝飾邊框）

想要讓表面板材融入空間時，也可以選擇貼上壁紙。在這種情況下，使用裝飾邊框可以讓板材看起來不會很廉價。

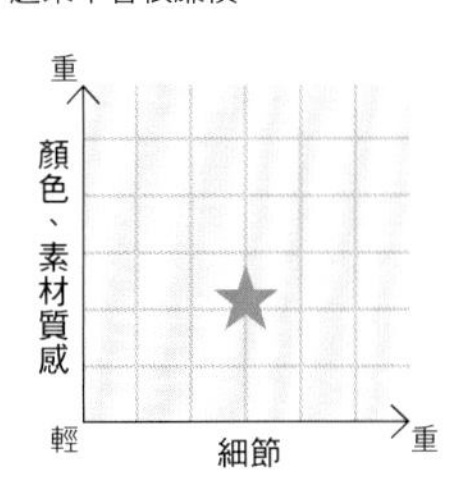

美耐板（無裝飾邊框）

均質的純白色所呈現的清潔感與任何空間都很搭。無論想要走自然風還是現代風都行，可說是很方便的素材。

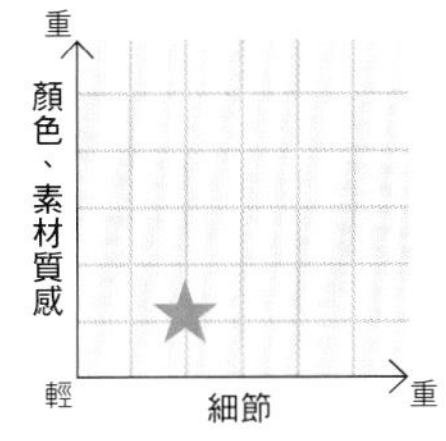

白色塗裝（框門）

雖然塗成白色的純木框門的色彩與素材質感並不強烈，不過只要透過邊框所具備的象徵性，就能輕易地呈現出自然氣氛。

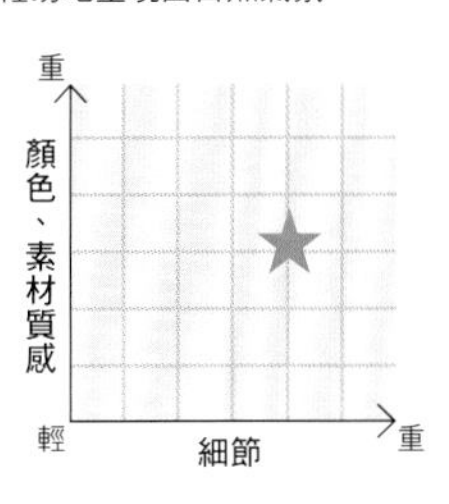

廚房前方的牆壁採用金屬・白色・黑色

雖然廚房周圍的裝潢建材需具備耐燃性，但我們只要使用磁磚與耐燃裝飾板，表現的自由度就會變高，尤其是磁磚。磁磚能夠有效地增添柔和感或厚重感，尺寸、顏色、形狀也很豐富，用起來很方便。

不鏽鋼

堅硬的質感最適合用來讓氣氛變得拘謹。只要與顏色・素材質感很強烈的素材搭配，就能用於偏自然風的空間。

鍍鋁鋅鋼板／鍍膜色

堅硬的無塗裝質感也很有趣。由於有各種顏色，所以很容易搭配。能夠吸附磁鐵，很方便。

耐燃美耐板／白色

其特徵為，均質與乾淨的白色。由於容易與各種素材搭配，所以想要讓氣氛偏現代風時，會很有效。

玻璃

具備硬度、均質特性、透明感的中性素材。與顏色・質感很強烈的素材很搭，可做出各種變化。

馬賽克磁磚／白色

此素材適度地融合了清潔感與可愛感，用起來很方便。依照搭配方式，能夠適用於各種風格的空間。

馬賽克磁磚／多色混合

顏色・素材質感都很豐富。藉由與堅硬的素材搭配，就能調整平衡，發揮其特性。

磁磚／黑色

雖然色調很厚重，不過由於磁磚也擁有陶瓷器的質感，所以依照搭配方式，使用範圍很廣，與自然風、現代風等都很搭。

磁磚／白色

具備清潔感與陶瓷質感，能營造出中庸氣氛。其氣氛會受到產品質感的大幅影響。

☆：邊緣切面無修飾時的評價

〔空間風格 × 廚房〕搭配術

將P92～94所彙整的各部位素材組合起來後，如果所得到的平均座標（數值）很接近空間整體的座標（數值）的話，素材就會融入空間內。在此，我們會舉出三個範例，希望可以當做大家的參考。

設計風格分布圖

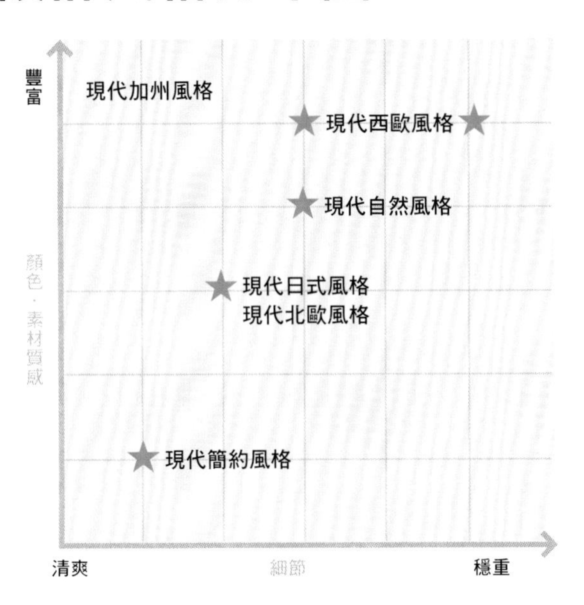

檢查最初採用的風格的座標軸。以現代北歐風格為例，顏色・素材質感的數值是3，細節的數值是2。在搭配吧台與表面板材等素材時，只要接近此數值，就不會出錯。

現代自然風格的提案實例

牆壁

馬賽克磁磚（多色混合）：
顏色・素材質感5

採用「存在感強到足以當成主題牆」的素材

檯面

馬賽克磁磚（白色）：
細節3 顏色・素材質感3

白色磁磚擁有中間色的邊緣與素材質感，與現代自然風很搭。

表面板材

椴木膠合板（有裝飾邊框）：
細節3 顏色・素材質感3

讓裝飾邊框露出來，稍微強調細節的存在感，以避免風格過於偏向現代風。

驗證搭配效果

現代自然風空間的指標：
細節3 顏色・素材質感4

牆壁×檯面×表面板材的平均數值：
細節3 顏色・素材質感4

數值完全一致，成為了王道的自然風廚房。

現代加州風格的提案實例

牆壁

磁磚（黑色）：
顏色・素材質感4

素材的存在感很強烈，與能發揮素材質感的現代加州風也很搭。

檯面

大理石（白色）：
細節2 顏色・素材質感5

大理石具備強烈的素材質感與銳利的切面，能夠適度地使氣氛變得較拘謹。

廚房

松木（框門）：
細節4 顏色・素材質感5

擁有純木質感的松木框門。仿古塗裝等也很適合此風格。

驗證搭配效果

現代加州風空間的指標：
細節3 顏色・素材質感5

牆壁×檯面×表面板材的平均數值：
細節3 顏色・素材質感4.7

大致上與空間整體的風格一致。由於素材質感稍微帶有壓抑感，所以也可以搭配「能給人強烈印象的照明器具」。

現代北歐風格的提案實例

牆壁

透明玻璃：
顏色・素材質感2

「兼具均質特性與質感的玻璃」與「重視壓抑感的現代北歐風」很搭。

檯面

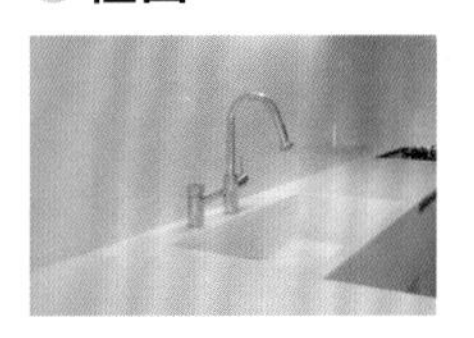

人造大理石：
細節2 顏色・素材質感3

人造大理石也兼具均質特性與質感。北歐現代風格的基本素材。

表面板材

椴木膠合板（無裝飾邊框）：
細節2 顏色・素材質感3

在木質類薄板中，只要透過簡單的細節來採用「具備均質特性的椴木膠合板」，就能與空間的氣氛融合。

驗證搭配效果

北歐現代風格空間的指標：
細節2 顏色・素材質感3

牆壁×檯面×表面板材的平均數值：
細節2 顏色・素材質感2.7

由於顏色・素材質感稍微帶有壓抑感，所以我們可以在檯面的形狀與櫃門的金屬器具上做變化。

可用於整修，且具備設計風格的水龍頭零件

在整修提案中，有特色的提案的關鍵在於廚房。而且在廚房設備中，從機能・性能・設計這三項要素來看，需具備最高水準的部分就是水龍頭零件。以下會介紹能讓現今的屋主感到讚嘆的優秀產品。

優秀的水龍頭零件

○VOLA　冷熱水混合式水龍頭

價　格：以非拉出式水龍頭來說，算是有點貴（89000日圓）
設　計：很符合VOLA風格的簡約設計。由於尺寸不怎麼大，質感又高，所以也很適合用於島型廚房等開放式廚房。
操作性：雖然把手略小，但只要用習慣的話，就沒有問題。
耐久度：雖然尺寸較小，但很耐用，也不太需要擔心產品會停產。
其　他：喜歡建築設計的業主經常採用。

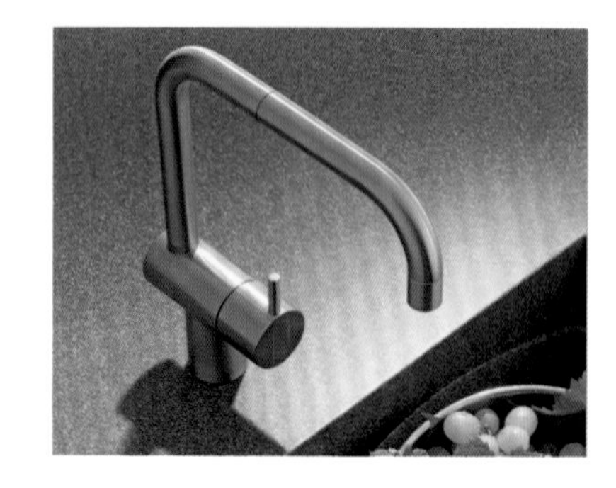

○VOLA　壁掛式水龍頭

價　格：非常昂貴（157500日圓）
設　計：以壁掛式水龍頭來說，設計很洗練。
操作性：水龍頭可轉動，握把也略大，所以操作性並不差。當水龍頭必須設置在牆上時，會是個方便的選擇。
耐久度：要注意牆壁的耐久度與防水性。
其　他：由於要嵌入牆壁，所以必須多留意施工部分。

○Arabesk　（GROHE）

價　格：便宜（28833日圓）
設　計：傳統的雙開關設計，能夠呈現復古氣氛。
操作性：由於無法用單手調整溫度，而且要抓住握把才能轉動開關，所以不適合在烹飪時使用。
耐久度：結構很簡單，所以問題應該很少。
其　他：此類型水龍頭的需求意外地多。

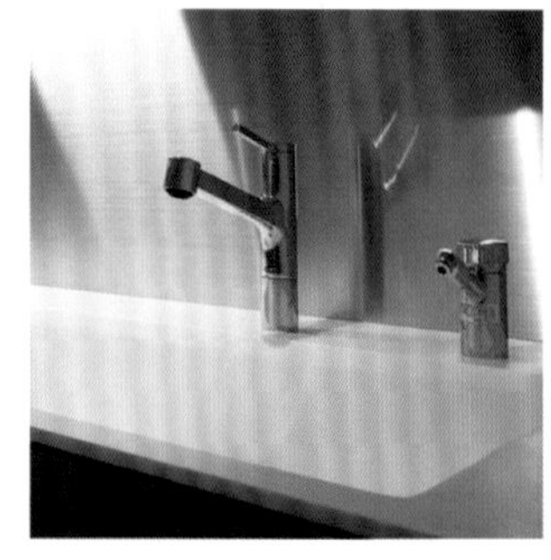

○VOLA　AVA（KWC）

價　格：便宜（44000～62000日圓）
設　計：雖然形狀很普通，但握把部分等細節的設計很洗練。左邊的是淋浴式，蓮蓬頭部分的設計風格有點過於強烈。
操作性：使用淋浴式水龍頭時，把蓮蓬頭的水量開到最大的話，雖然水會四處飛濺，不過可以輕易地洗去餐具的髒汙。操作性的評價很好。
耐久度：由於是瑞士製造，精密度又高，所以值得期待。
其　他：可以和洗手台的水龍頭進行搭配。

○SIN（KWC）

價　格：昂貴（107000日圓）
設　計：高度較高，形狀簡約洗練。前端可拉出來當做噴霧器。
操作性：由於出水口朝向正下方，所以水不太會四處飛濺。操作性良好。
耐久度：由於是老字號的瑞士廠商，所以值得期待。
其　他：是今後會讓人想要使用的水龍頭。

※從具備完善維修體制等服務的公司中挑選。

◎ Minta　（GROHE）

價　格：略便宜（45000～72000日圓）
設　計：外觀的質感有一致性，形狀也很簡約，沒有奇怪的特徵。不會阻礙其他部分的設計。
操作性：由於出水口朝向正下方，所以出水口的高度雖然高，但水不太會飛濺。拉出式水龍頭的造型簡約，也可當做噴霧器。
耐久度：長期熱銷。由於目前沒有出現問題，所以被視為值得信賴的產品。

◎ Axor Citterio／Talis S2 Variarc（Hansgrohe）

價　格：Axor Citterio／有點貴（85000～90000日圓）
Talis S2 Variarc／便宜（39800～69800日圓）
設　計：造型細長，風格較剛強。拉出式水龍頭的出水口形狀很特別。出水模式切換按鈕的質感有點可惜。
操作性：由於可以變成拉出式蓮蓬頭，所以很方便。不過，由於出水口的角度比較大，所以使用者要注意飛濺到身體前方的水。
耐久度：由於是製作高質感產品的廠商，而且觸感也很扎實，所以值得期待。

優秀的手持式蓮蓬頭

◎ Tara Refined（高度較高的款式、DORNBRACHT）

價　格：非常昂貴（179900日圓）
設　計：雖然外型又大又顯眼，不過DORNBRACHT公司的產品非常有質感，所以有助於提昇高級感。
操作性：想要洗去餐具上的髒汙時，很方便。
耐久度：由於是以品質為賣點的高級品牌，所以很值得期待。

◎ Tara Refined（高度較低的款式、DORNBRACHT）

價　格：昂貴（87700日圓）
設　計：外型小巧，可設置於吧台。由於質感高，尺寸又小，所以不會阻礙周圍的設計。
操作性：檯面似乎容易變髒。
耐久度：由於是以品質為賣點的高級品牌，所以很值得期待。

優秀的毛巾桿・扶把

◎ System 02（EMCO）

價　格：昂貴（24000日圓）
設　計：長度為850㎜。底座也很低調簡約。光澤感很出色。
操作性：可用於用水處，也可以用來吊掛各式廚房用品。
耐久度：由於可以吊掛各式物品，所以應該很堅固。

◎ ATTEST（IKEA）

價　格：非常便宜（2個290日圓起）
設　計：雖然細部的作工比較粗糙，不過由於素材很好，所以並不明顯。
操作性：精細度略微不足，所以安裝比較麻煩，不過操作性並不差。由於角落是圓的，所以衣袖不容易被鉤住，很安全。
耐久度：很堅固。

整理老舊3LDK公寓的〔基本房間格局〕

「屋齡10～25年，3LDK，75平方公尺」。這就是會成為整修對象的公寓大廈的平均狀態。這種公寓大廈的設計方案很典型，我們可以輕易地用理論來說明變更設計方案的技巧。
我們會以「通風與動線的迴游性」為主軸，試著整理「常見的公寓大廈房間格局的變更技巧」。

變更用水處時的注意事項

浴室

・地板高度會隨著存水彎的形狀而改變。
・只要移動到下層的非浴室場所時，住戶就會抱怨漏水問題，所以要注意防水性。
・在老舊磁磚浴室內，當管線位在混凝土地板上方，且鋪設在混凝土中時，管線就會變得很難更換。

廁所

・由於污水管的口徑很大，所以只要一移動位置，地板就會變得容易上升。
・當馬桶是直接透過橫向排水管來連接縱向排水管時，廁所會變得更難移動。
・當廁所移動到起居室上方時，要多留意排水管。

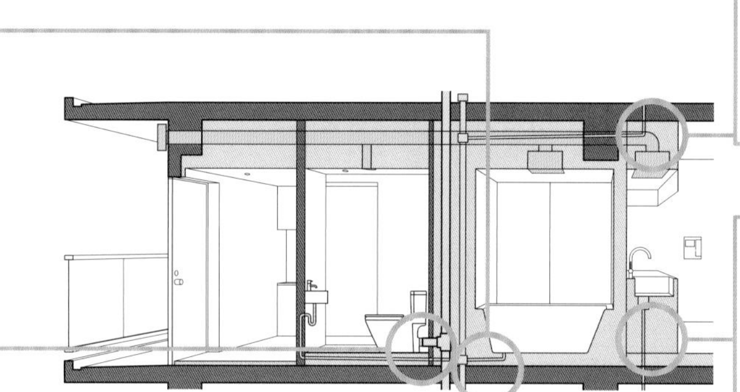

廚房換氣扇

・換氣路線會受限於橫樑上的套管的位置。
・依照換氣扇的種類，也要確認天花板內部空間。

廚房

・廚房與供水、熱水供應、排水、瓦斯、電力、通風等眾多設備有密切關聯。
・在直貼式地板（沒有鋪設基底）中採用島型廚房時，必須注意管線的路徑。
・要考慮到樓下的住戶，並採用排水管防水對策。

3LDK格局的常見問題

（S＝1：150）

房間格局調整的基礎1〔採用固定的浴室位置〕

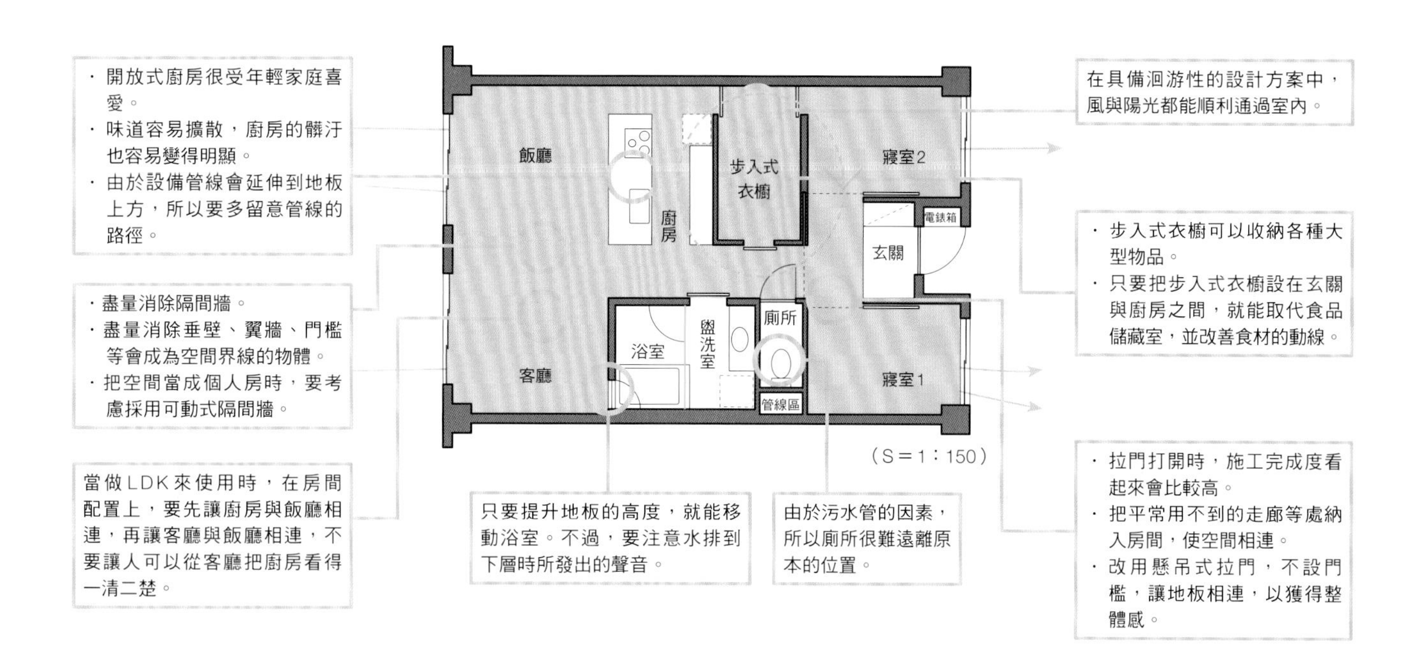

房間格局調整的基礎2〔會更動浴室位置〕

與獨棟住宅相比，公寓大廈的房間格局非常典型，因此我們只要觀察過整修對象的話，就因此我們只要觀察過整修對象的話，就能輕易地用理論來說明。

性能的改善與迴游性有關聯

我們首先要說明的是，改善通風．採光．隔熱性能等公寓大廈的弱點。由於窗戶的配置無法改變，所以我們要盡量消除隔間牆，藉由開放式的房間格局來讓光線進到房間深處。

通風性也是一樣，我們要盡量地把走廊納入起居室，並把用來區隔各空間的門窗隔扇改成能夠收起來的拉門。藉由「把儲藏室改成可從兩邊的兩個房間進入的緩衝空間」等方法，就能打造出讓風從走廊流向陽台的通道。

雖然隔熱性能與設計方案沒有直接關聯，不過當我們想要透過這種寬敞的房間格局來降低能源費用時，可以藉由加強窗戶周圍與北側牆壁等處的隔熱性能來提昇效果。這樣做不僅能降低能源費用，還能改善舒適度，所以我們希望大家能夠積極地去研究「加強隔熱性能」這一點。

這些方法的效果相當大，可以讓空間變得非常舒適。另外，由於這種格局變更方式與「讓空間擁有迴游性，使空間產生變化，改善做家事時的動線」的方法也很搭，所以可說是一石二鳥。

整理老舊木造住宅的〔基本房間格局〕

在整修對象中，木造住宅的格局雖然沒有公寓大廈那麼典型，但我們還是可以將其房間格局分成幾種類型。在本章節，我們對「把『建商型房間格局』、『舊式的工務店型房間格局』、『農家型房間格局』更改成現今的房間格局時的觀點」進行了整理。

在變更木造住宅的房間格局時，會受到構造、設備、防水性這三項要素的限制。

在構造方面，「滿足壁量（註：壁量指的是承重牆的抗震、防風性能）」是首要的大前提。

問題在於，想要增加周圍壁量時的情況。如果不把牆壁拆掉的話，就無法建造新的承重牆。除了重建外牆的情況以外，都會產生追加費用，發生漏水現象的風險性也會上昇。因此，我們會在外牆內側設置結構外露的斜支柱。

同樣地，我們有時並無法清除承重支柱，而是必須進行補強。在設計方案上，整修的重點在於，如何讓這種不必要（不自然）的結構要素看起來很自然。一般作法為，讓迷你書房或收納空間與該處緊密結合。

我們要盡量避免變更樓梯位置。這是因為，雖然在技術上是可行的，不過包含事前調查、補強在內的設計・施工會相當繁雜。

在用水處的移設方面，浴室與廁所的排水會成為問題。雖然移動距離在2m以內時，不會造成問題，不過進行大幅遷移時，管線的斜度就會成為障礙。盡可能不要過於偏離原本的位置。

「更改窗戶的設置地點」與防水性有密切關聯。除了重建外牆的情況以外，實際上能做的僅止於提升尺寸。在這種情況中，由於防水線會在施工過程中被切斷，所以在施工時，必須要很謹慎才行。

◎ 房間格局變更的基本觀點（表1）

需求	方法	具體實例
寬敞	連接房間	將LDK合併。將兒童房等與二樓的房間合併。將盥洗室與浴室合併。
	把走廊納入其他部分	把走廊納入客廳範圍。把走廊納入玄關範圍（改成泥土地等）
	把壁櫥納入其他部分	活用兒童房等處的壁龕空間。
明亮	連接房間	把光線引進住宅深處。
	把樓梯改成鋼骨樓梯	採用鋼骨樓梯，讓樓梯下方變成開放式空間。如此一來，玄關大廳就會變得明亮。
	設置挑高空間	讓上層的光線照到下層。
	在增建區設置大窗戶	由於擴大窗戶尺寸是很辛苦的工程，所以要妥善利用增建區。
堅固	增設承重牆	由於很難透過外牆線來增設，所以要在內側增設。視情況，要讓斜支柱暴露在外。
	補強地板	更換橫樑、增設橫樑補強建材（加工過的木材、鋼骨）、採用鋼筋水泥地板。

◎ 最好不做變更的部分（表2）

	對象	理由
最好不要更動	外牆・屋頂	包含鷹架在內，工程很花錢。
	開口部位的位置・大小	如果要翻修窗戶周圍的話，漏水的風險就會提高，所以除了要整修外牆時，最好不要更動窗戶周圍。
盡量不要更動	樓梯位置	由於要重新更換地板，所以很花錢。
	廁所・浴室的位置	由於該處會影響供排水設備、化糞池等的相對位置，所以有可能會變成大規模的工程。

在建商型住宅中，要把走廊納入起居室，並讓2樓成為開放式空間

建商型住宅房間格局的特徵為，走廊在中央。
設計重點在於，如何把這個走廊空間納入起居室。

整修前

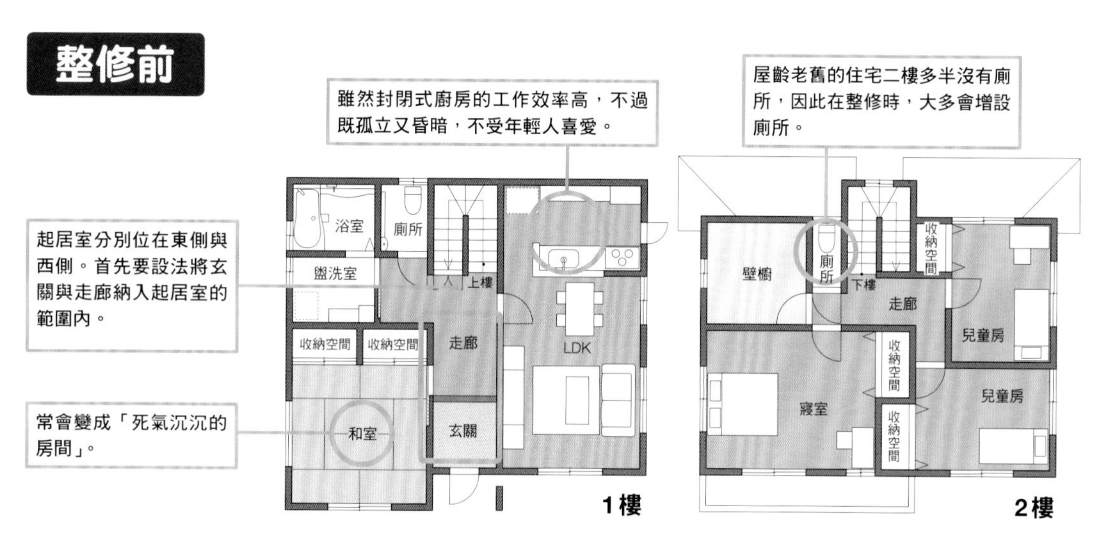

不管是屋齡20幾年的老住宅，還是近年新蓋的房子，這種房間格局都很常見。

相當普通的房間格局，個人房聚集在二樓。

整修後

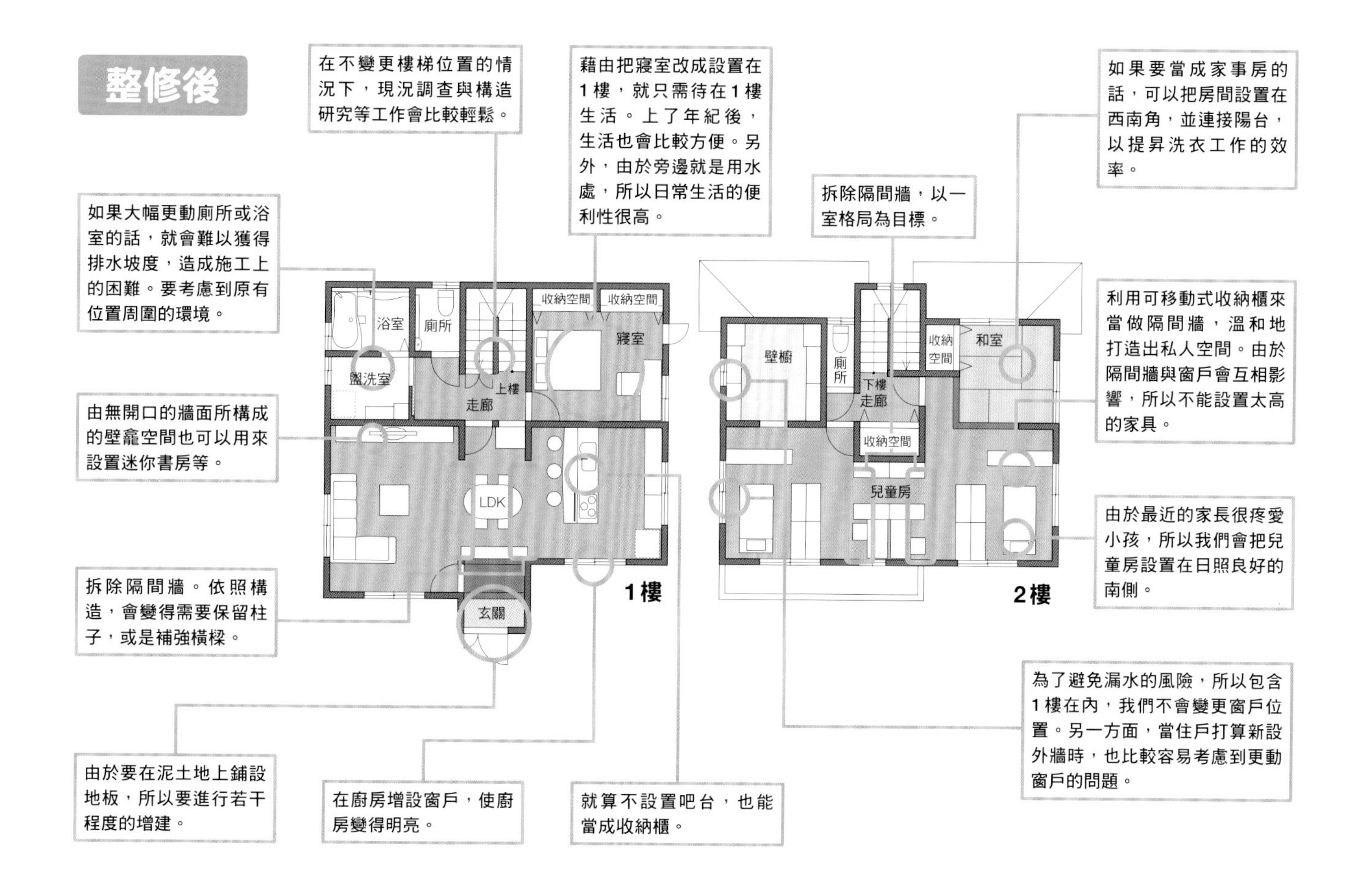

在工務店型住宅中，把零碎的房間格局合併，使空間變得開放

在以前的工務店型住宅中，常會看到「起居室並列在單側走廊旁邊」這種格局。
我們必須一邊滿足壁量，一邊設法讓房間相連。

整修前

在地方工務店所建造的住宅中，這種格局很常見。在屋齡老舊的建築中，常會見到這種情況。
這種房間格局去除了建商式的呈現手法，而且很重視施工性。

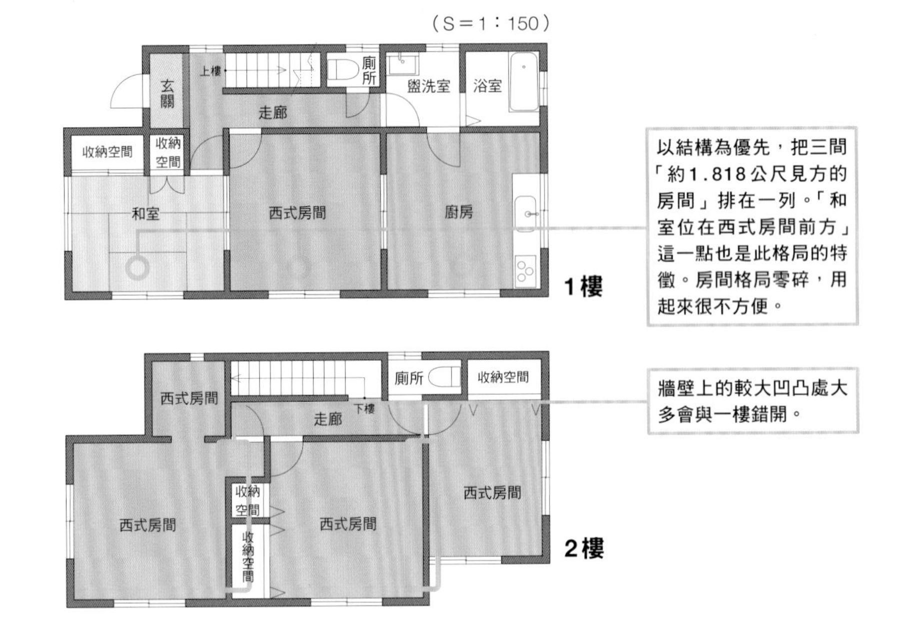

整修後

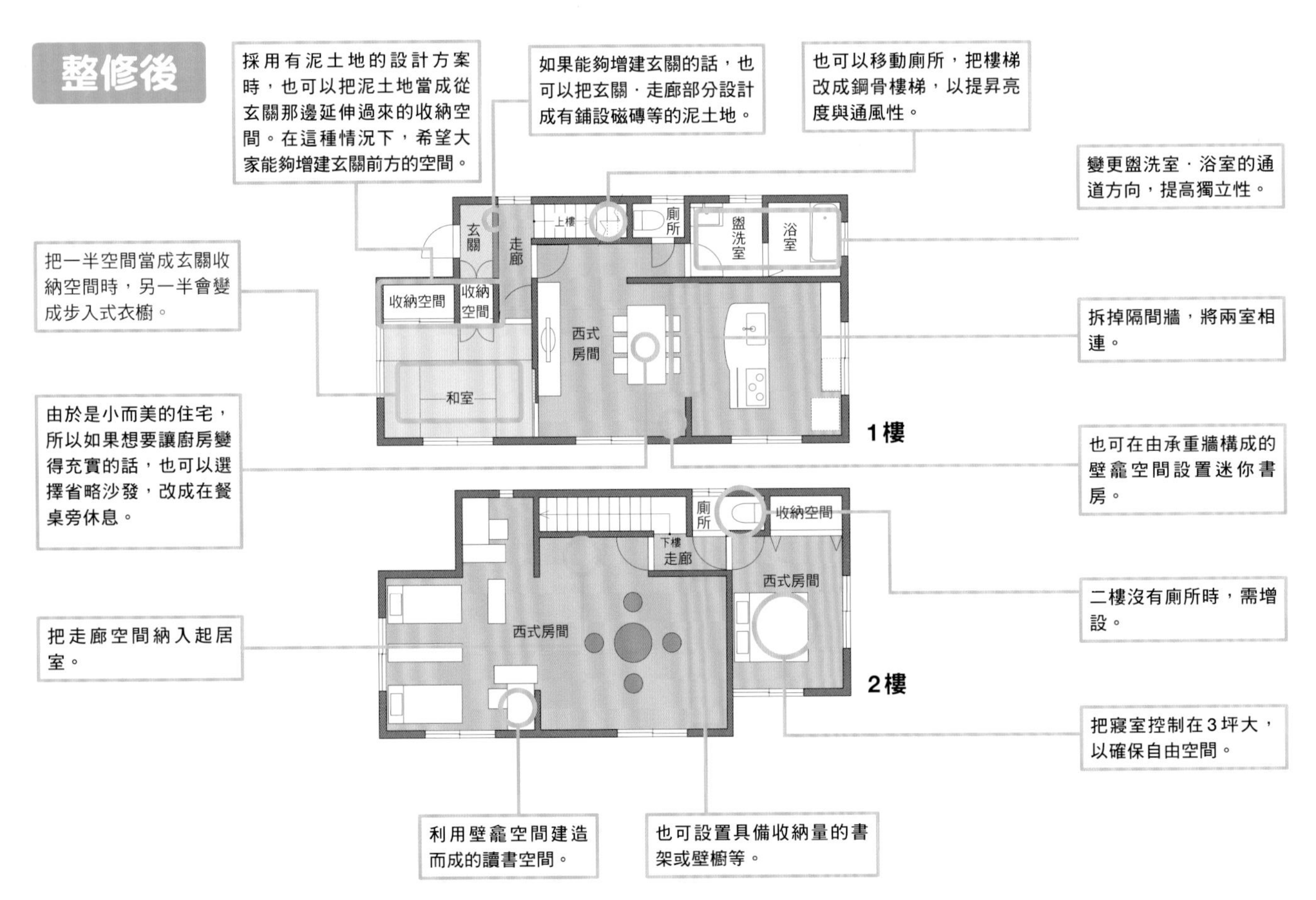

在農家型住宅中，要增加牆壁，並改善用水處的動線

農家型住宅的特徵為，連接南面大開口的日式客廳。
我們的基本作法為，一邊消除「壁量不足、偏心率高」等問題，一邊改善用水處與起居室的關係。

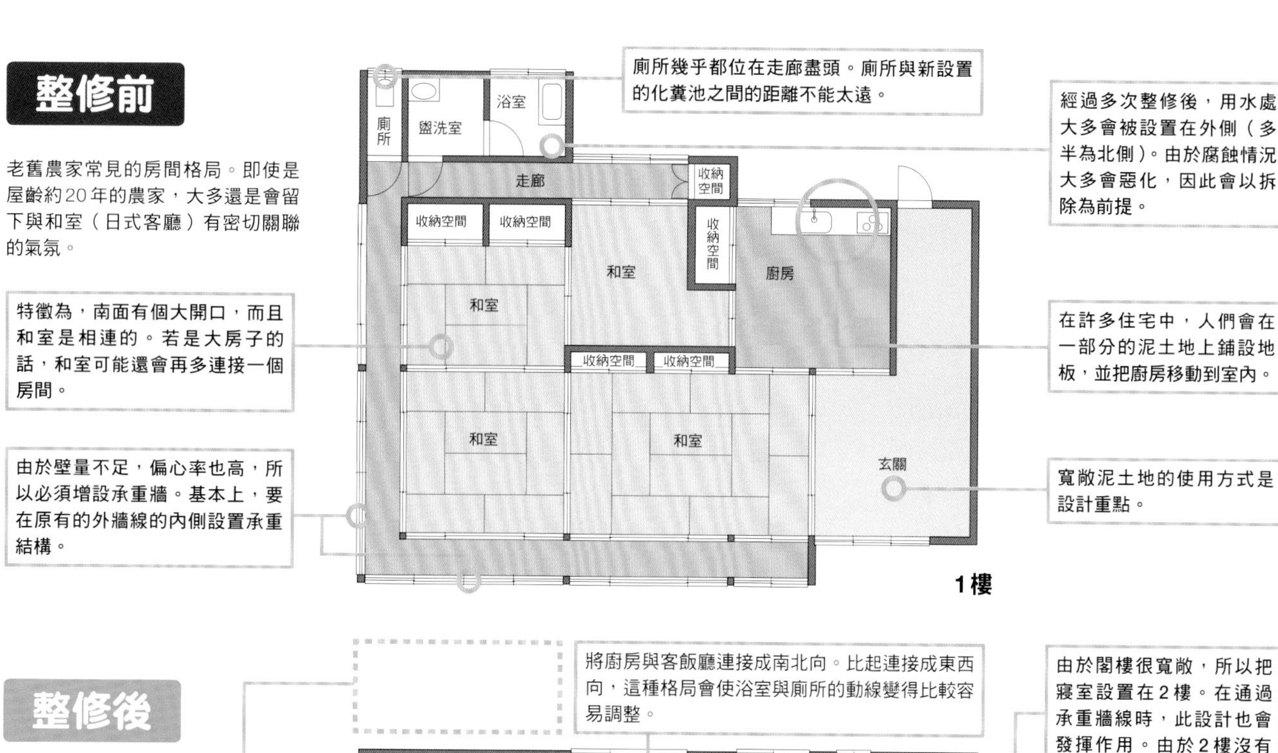

各種房間格局的理論

試著依照類型來思考老舊木造住宅的房間格局吧。首先，建商型的房間格局特徵為，在大部分的建地內，只要依照方位來插入樓梯空間的話，就行得通。由於容易使人對玄關產生印象，又能打造合理的房間格局，所以能輕易地增加房間數量。想要把這種格局更改成最近的開放式房間格局時，重點在於房間的連接方式。由於大多數住宅的壁量基本上都是足夠的，所以很容易就能將相連的兩室連接起來。設計重點為，把中央的走廊納入起居室範圍內的方法。

木匠所設計的舊式工務店型房間格局也很常見。在這種情況下，雖然基本上還是要連接LDK，不過由於壁量常常不足，所以隔間牆部分容易外露。只要將該部分當成「丈夫的房間、妻子的家事房、儲藏室」其中之一，就能符合屋主的需求，並使施工變得容易。另外，由於玄關．走廊空間既狹窄又昏暗，所以此處也是改建重點。也可以選擇將玄關和走廊合併，並將其當成泥土地。

最後一種是農家型房間格局。由於此格局的偏心率高，壁量也不足，所以會面臨到「如何一邊修補耐震牆（剪力牆），一邊發揮原有格局所具備的悠然氛圍」這項課題。

日式客廳與起居室會讓人感受到世世代代所繼承的歷史。我們不會全面整修這些部分，而是僅止於外層整修。想要提昇整修滿意度時，「保留住了幾十年的住宅的痕跡」這一點是特別的重點。

把「因為很冷而沒有在用的1樓北側和室」改成夫婦的寢室。在西側設置新的窗戶，以改善採光。地板採用純桐木地板，其他部分也用了許多天然素材。

原本應該只有用水處……

讓屋主說出「即使硬撐也要做！」

Good design reform!

何謂能讓屋主讚嘆的老民房翻修計畫？

只有改善表層的半吊子整修需花費約500萬日圓，如果採用這種方法的話，經過幾年後，還是得再次整修。若是專家的話，就應該一邊傾聽屋主的心聲，一邊冷靜地觀察現況與生活方式，然後再提出最理想的方案，即便這樣做未必會符合屋主當初的要求。

新潟縣的I公館是屋齡長達80年的老民房。屋主之前從未想過要對這間世世代代所繼承的房子進行整修。他考慮要整修的部分是30年前增建的用水處部分。該處損傷嚴重，地板鬆弛，通風也不佳。

接下這項整修諮詢的是夢之家・整修館（新潟縣新發田市）。建築師看過現狀後，認為即使進行整修，效果也很低。由於該民宅非常寬敞，足以讓六名家人居住，所以建築師很乾脆地提出了「拆除增建部分」這項提案。屋主為整修所準備的費用為1500萬日圓。建築師認為將這筆錢用於整修主屋比較能夠改善生活品質。當然，光靠1500萬日圓，很難全面整修主屋。因此，建築師把條件限定在新設置用水處，開始著手設計。

雖然主屋的屋齡達80年，不過由於使用的建材很好，所以損傷部分很少。不過，由於住宅整體很冷，而且有複數個房間沒有在使用，因此建築師下定決心提出「能夠改善隔熱性能與耐震性的全面整修」這項提案。如果只修補眼睛看得到的損傷，過幾年後，還是得再次整修。為了能夠長久居住，建築師向屋主說明了改善「居住舒適度」的必要性。

雖然最後的改建估算金額將近3000萬日圓，不過屋主說了「我就是要硬撐喔」這句話，下定決心透過貸款的方式來進行全面整修。據說，讓屋主點頭的契機居然是「保留了老屋痕跡」的起居室提案。

屋主對「至今所居住的家」所投注的感情超出我們的想像。告訴屋主這棟「明明還能用，但卻處於不能用的狀況」的住宅能夠重生，也是專家的職責。

設計・施工：夢之家・整修館

為了讓年長者能迅速適應，並覺得很方便

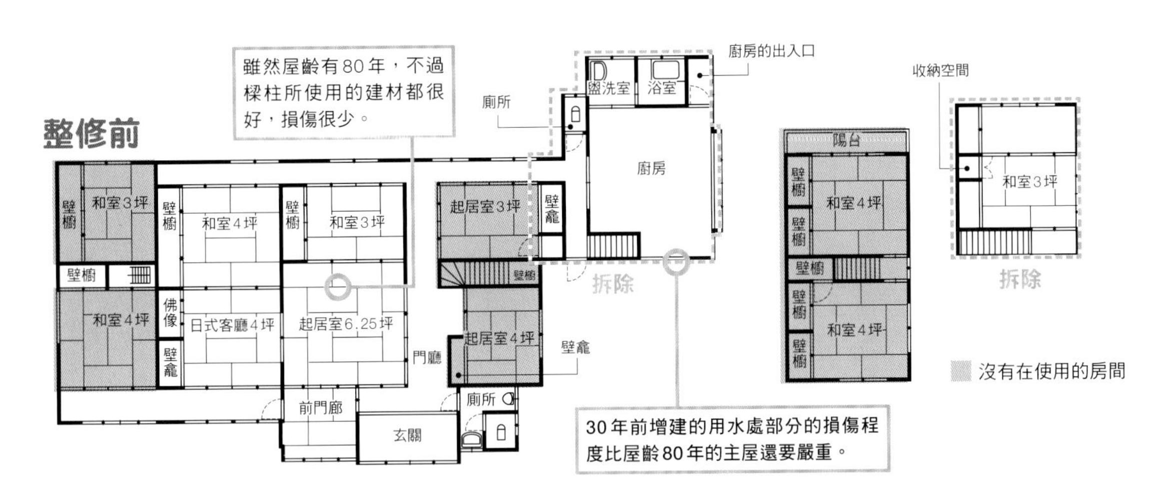

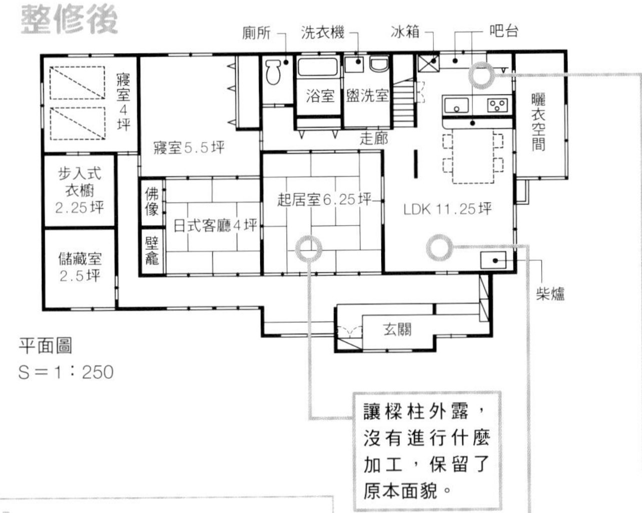

將2樓的兩間和室的隔間牆全部拆除，使其變成一室格局。為了使將來可以再設置隔間牆，所以會設置兩個入口。

DATA

所在地：新潟縣阿賀野市
家庭成員：曾祖母＋祖父母＋夫婦＋孩子
屋齡：主屋80年＋增建部分30年
結構：木造軸組工法
設計・施工：夢之家
施工內容：拆除・結構・內外裝修・用水處
施工面積：282㎡⇒220㎡
總金額：3000萬日圓（包含家具）

讓客廳與起居室相鄰，使人一邊待在新的空間內，一邊感受老民房的氣氛。由天然素材構成的室內裝潢能讓新舊部分互相融合。

把原有的廚房拆掉，在主屋內設置新的廚房。在房間格局上，藉由讓廚房靠近起居室，就能縮短生活動線，使生活變得更方便。

採用開放式廚房，使飯廳變得明亮。餐桌用的是廣松木工公司的「LUCE」。餐桌旁的白色牆壁小隔間居然是放鋼琴的地方。室內裝潢設計師也提出了吊燈與嵌入式置物架等建議。

在櫃子塞滿了東西的客廳內設置嵌入式置物櫃（木工工程）。在原有的緊閉窗戶下方設置電視櫃，用紡織品來搭配窗戶，使其成為室內裝潢中的特色。牆壁採用歐洲灰漿「estuco wall」（販售：Prohome大台），天花板採用矽藻土壁紙，地板採用純楓木地板（透明塗裝）。家具採用「Flannel sofa・DOLCE」與國產家具廠商・LEGNATEC公司的「Alder矮餐桌」。

Good design reform!

屋齡15年也算老舊！？

即使花大錢也想改變！

何謂年輕夫婦所追求的室內裝潢？

如同有機咖啡店或日用品店般的自然風格有很高的機率
能讓20～30多歲的婦女感到「心動」。
在這種使用了天然素材的室內裝修中，最好也要對家具與紡織品提出建議。

即使屋齡不長，也要進行整修的理由

Y公館是屋齡15年的和風住宅。雖然此住宅是子女從父母手中繼承的房子，但收納空間少，室內裝潢也不符合子女的喜好，因此子女進行了大規模整修。說到15年前的話，當時正是新建材的全盛期，Y公館也使用了最高等級的新建材，損傷很少，在功能上也沒有問題。不過，夫婦為了追求溫馨的自然氛圍而去參加Prohome大台公司舉辦的新屋參觀會。夫婦倆一眼就喜歡上該屋的室內裝潢，並詢問設計師是否能將他們的自宅整修成相同風格。

「那種設計」就是標準規格

Prohome大台是一家地區性工務店，員工人數10名，一年會經手20～25棟住宅。此工務店很受歡迎的理由之一在於，使用了天然素材的室內裝潢提案能夠抓住首購族的心。牆壁採用歐洲灰漿，地板採用純木地板，門窗隔扇與櫃門也都採用純木製成。設計師會在廚房使用馬賽克磁磚來當作點綴，也會使用從國外收購的復古金屬零件與玻璃。

該公司的另一項優點為，他們也會對家具與紡織品提出建議。設計師完成平面設計圖後，接著室內裝潢設計師就會針對裝潢建材與家具等提出建議。由於設計方向很明確，所以該公司不會因為讓業主誤解而嚐到苦頭。由於許多業主都會提出「想要與『在參觀會所看到的住宅』相同的設計」這種需求，所以基本上，100%的案子都會依照該公司所制定的標準規格來執行。正因為該公司有像這樣地建立自己公司的設計品味（品牌塑造），所以像Y公館那樣的低屋齡住宅也會委託該公司進行大規模整修。

設計・施工：Prohome大台

1. 客廳與飯廳之間的隔間牆為拱型。正因為採用灰漿，所以才能建成這種形狀。
2. 鋼琴佔領了飯廳的牆面。藉由在飯廳設置白牆小隔間，來讓鋼琴順利融入空間，即使不設置牆面，也不會覺得不協調。
3. 也可以帶點玩心，在鋼琴小隔間的牆上設置壁龕。隔間牆背面的磚頭風格磁磚與白色灰漿牆很搭。

關鍵字是「自然」和「悠閒」 Natural and Slow

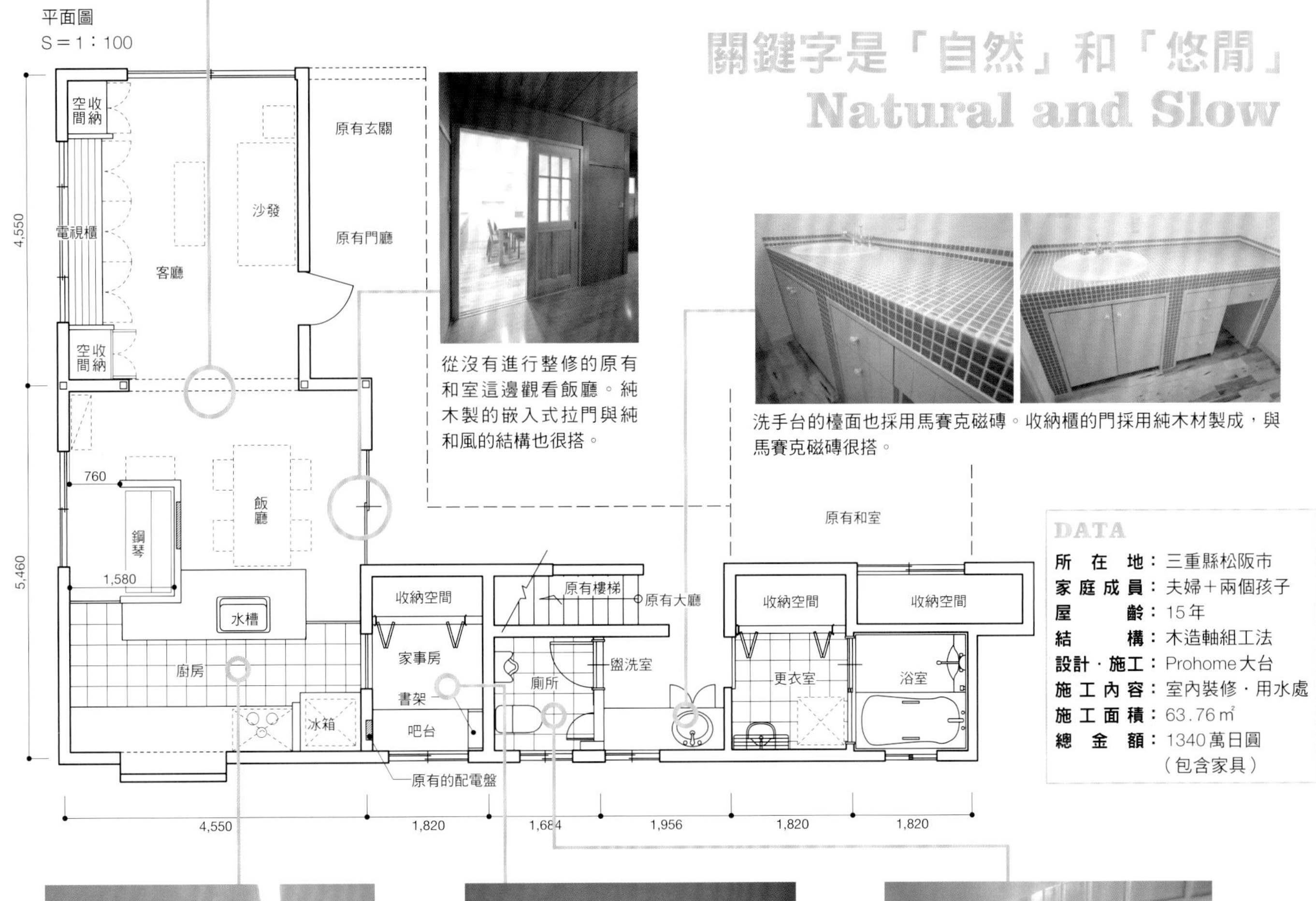

從沒有進行整修的原有和室這邊觀看飯廳。純木製的嵌入式拉門與純和風的結構也很搭。

洗手台的檯面也採用馬賽克磁磚。收納櫃的門採用純木材製成，與馬賽克磁磚很搭。

DATA

所在地	三重縣松阪市
家庭成員	夫婦＋兩個孩子
屋齡	15年
結構	木造軸組工法
設計・施工	Prohome大台
施工內容	室內裝修・用水處
施工面積	63.76㎡
總金額	1340萬日圓（包含家具）

在廚房的地板上鋪設陶瓦磁磚（300㎜見方）。牆壁採用歐洲灰漿「estuco wall」。檯面採用大地色系的馬賽克磁磚（25㎜見方）。櫃門採用赤楊木製成。

在與廚房相鄰的儲藏室內設置吧台與書架，使其成為家事空間，太太也能在此使用電腦。把門拆除，改成拱門型入口，如此一來，就能看到廚房與客廳的情況。

在廁所的腰壁部分，透過有花紋的白色馬賽克磁磚來使單調的磁磚變得華麗。牆壁上方部分採用歐洲灰漿（estuco wall）。利用中間柱之間的部分來在牆面上設置收納空間或壁龕。

有助於設計整修的
營業．提案必勝法

**大規模整修的客群與蓋新屋的客群之間有著細微差異。
我們必須一邊掌握業主的需求，一邊採取適當的營業策略。
由於這屬於利基業務，所以我們基本上會擴大營業範圍，
迅速地進行提案與應對。此外，我們還會透過室內裝潢提案來呈現特色。**

理想的整修公司模樣（進行大規模整修時）

業主的心情

・想實現自己堅持的部分。
・也想適當地反映趨勢。
・不過，如果會變得較昂貴或是變得較不方便的話，我可不要。
・想要依照自己的意願來做決定（不想被專家擺佈）。

追根究柢後 →

暗中要求的項目

・能提供單一窗口服務。
・能提出成本效益很高的半客製化方案（或是具有豐富經驗，並能提出成本效益很高的方案）

雖然設計事務所也不錯，不過似乎很麻煩。

結論 →

業主想要的整修商模樣

設計能力接近設計事務所的工務店

業主所需要的組織（業主應訴求的內容）

・設計師數量達到某種程度：設計能力的訴求（包含性能上的可靠性）
・有女性的設計師與室內裝潢設計師：共鳴能力的訴求（針對女性的策略）
・直到交屋前，都由設計師等負責人擔任單一窗口：單一窗口服務的訴求
・沒有所謂的業務員：關於「不進行煩人的推銷」這一點的訴求

很高興對方能夠理解關於孩子與家事的部分。

→ 最好始終都由一對男女性職員（設計師＋室內裝潢設計師等）來負責接待與提案的工作。

大規模整修的特徵

雖然在大規模整修中，工程規模與金額接近新屋建案的例子也不少，不過還是有很多差異。首先，我們試著來看看兩者的差異吧。

1｜宣傳區域較廣

整修公司必須廣泛地獲得顧客的青睞。比起新屋建案，整修公司必須擴大宣傳範圍，還要能夠服務較遠處的業主。宣傳範圍擴大後，就必須花費較多的廣告宣傳費用，毛利也會設定得較高。35％是標準之一。

2｜金額較低

以平均來說，每件整修案子的營業額約為新屋建案的三成，支出與獲取的金額都比較少。若採用新屋建案特有的「糊塗帳」的話，公司就會破產。經營者必須一邊經營，一邊觀察資產負債表（即使是新屋建案，也應該這樣做）。

3｜從見面到交屋的期間很短

以新屋建案來說，從見面到交屋需花費2年。在大規模整修的案件中，「屋主住在該住宅內」與「屋主擁有該住宅」的情況很常見，所以施工期間相當短。不過，由於工期還是會以新屋建案為基準，所以工期會相對地變得較緊湊。也就是說，從提案到前往現場，我們都必須迅速地應付業主。如果無法適當地應付業主的話，就容易鬧得不愉快，最後引發糾紛。

由一對男女性職員來接待業主時的重點

- 在網頁上明文規定「不會進行強迫推銷」、「若有需要，可由女性員工來提供服務」
- 當業主透過電話、電子郵件來洽詢時，由設計師擔任負責人，並告訴業主需事先討論一下。
- 業主索取資料後，在設計、影印要寄送給業主的資料時，要加入女性觀點。
- 由於第一印象很重要，所以在接待與妻子同行的業主時，接待人員中務必要有女性。
- 進行事先討論時，在討論內容的比例上，聽取生活方式佔2～3成，房間格局佔5～6成，室內裝潢佔2～3成。
- 當有競爭對手時，或是業主感到猶豫時，要在簽約前實際去拜訪該住宅，以完成簽約。
- 簽約後，當規格大致上都談好後，也要再次去拜訪該住宅（除了要確認設計內容，同時也能期待業主提出升級規格的需求）。

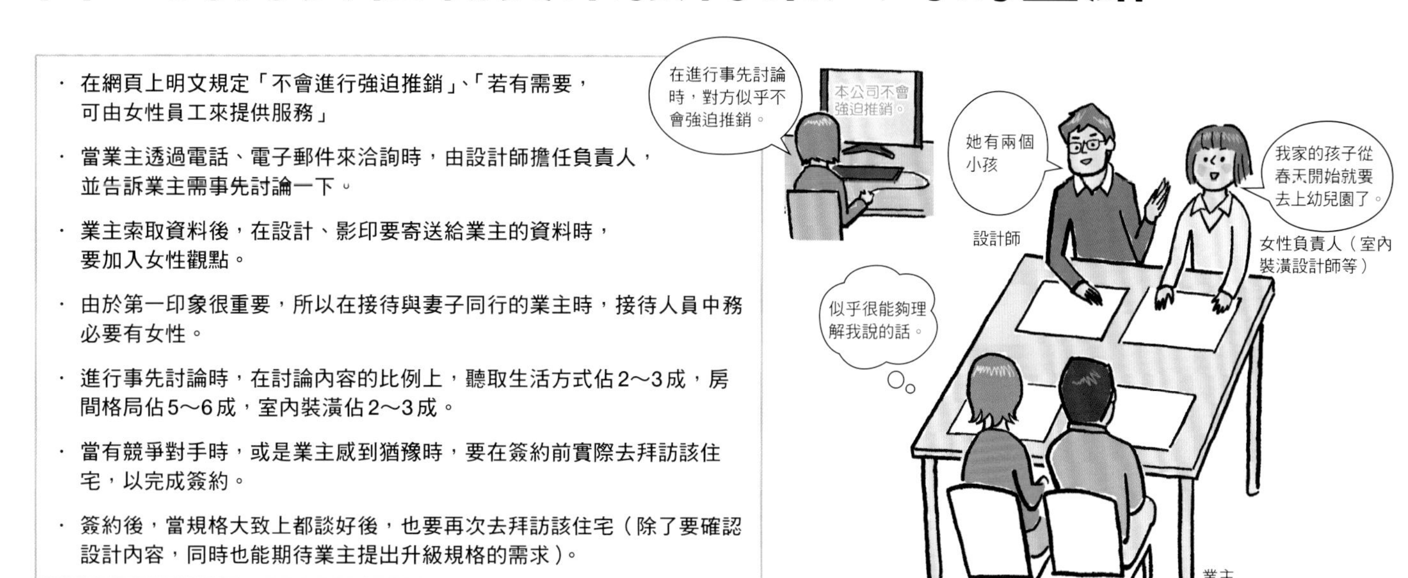

想要企業化的話，不動產資訊是不可或缺的

◎與其他不動產公司合作的案例

◎整修公司發展不動產事業的案例

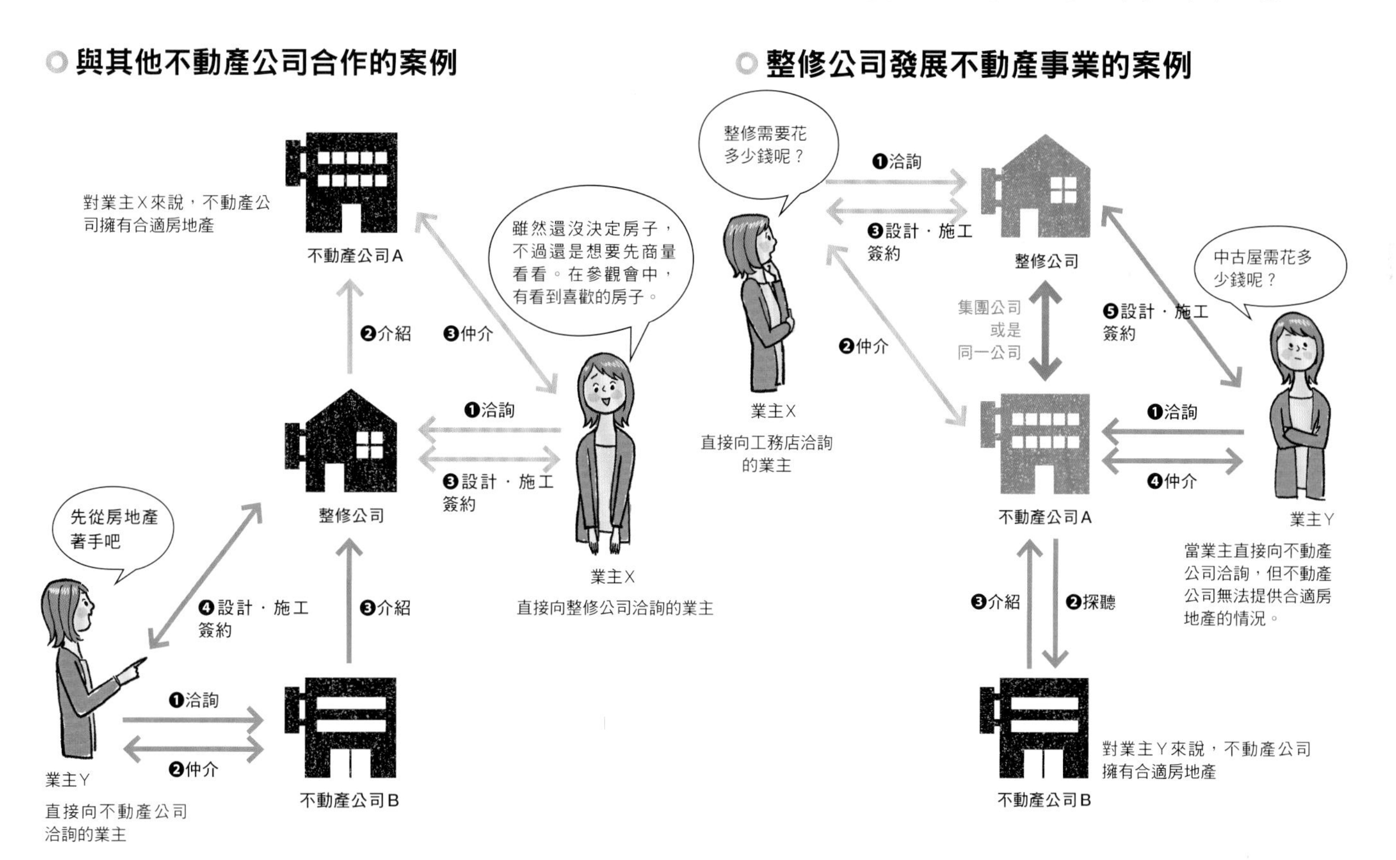

在某些案例中，有的業主會先向整修設計公司洽詢，再委託不動產公司找土地，有些不動產公司也會把前來洽詢的業主介紹給工務店。有些人會對後者抱持成見。挑選合作對象是很重要的。缺點在於，從決定房地產到簽約，需花費很久的時間。

只要在整修設計公司內或是透過設立子公司來發展不動產事業的話，從房地產介紹到設計・施工簽約的過程就會很順利。另外，只要採取「自家管理的房地產不需仲介費，由其他公司所介紹的房地產也只需一半的仲介費」這種作法，也許就能提昇成本效益。

初次提案時，必須準備這類資料

◎：必要
○：盡量準備
△：視情況而定
×：不需要

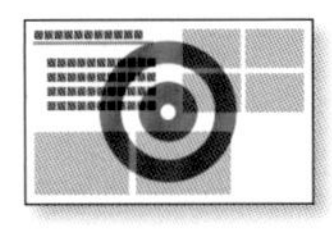

概念表
為了傳達「合適感」，所以一定要準備。

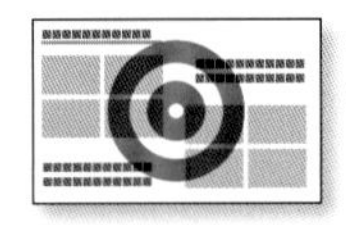

平面圖
不用說，當然必備。

正視圖
外觀進行整修時會需要。

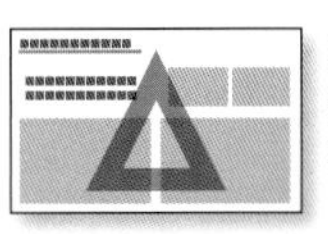

剖面圖
視獨棟建築的設計方案而定。

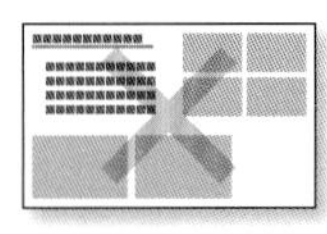

展開圖
對外行人來說，透視圖比較好理解。

室內裝潢・家具透視圖
如果業主進行「半自白」的話，也許透過照片就能搞定。

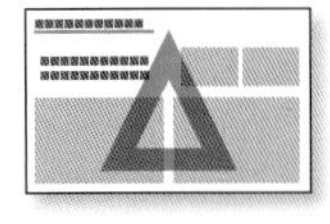

外觀透視圖
外觀進行整修時會需要。

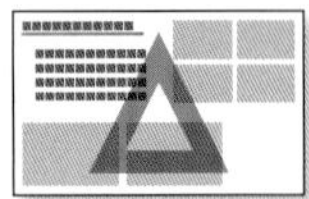

電腦繪圖
由於年長者會比較喜歡，所以視顧客而定。

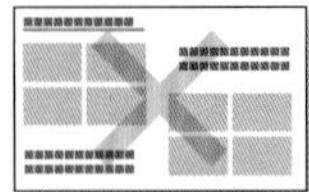

模型照片 模型
不能使用白色模型，必須貼上素材才行，所以很費工夫。

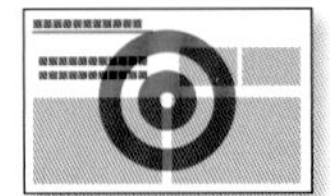

現況報告書
雖然費時費力，不過對於「防止業主之後有所抱怨」這一點來說很重要。

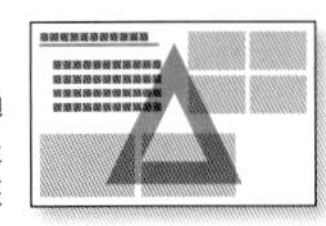

估價單
初次提案大多不需要（不過，必須事先掌握概算金額）。

製作提案資料時的重點

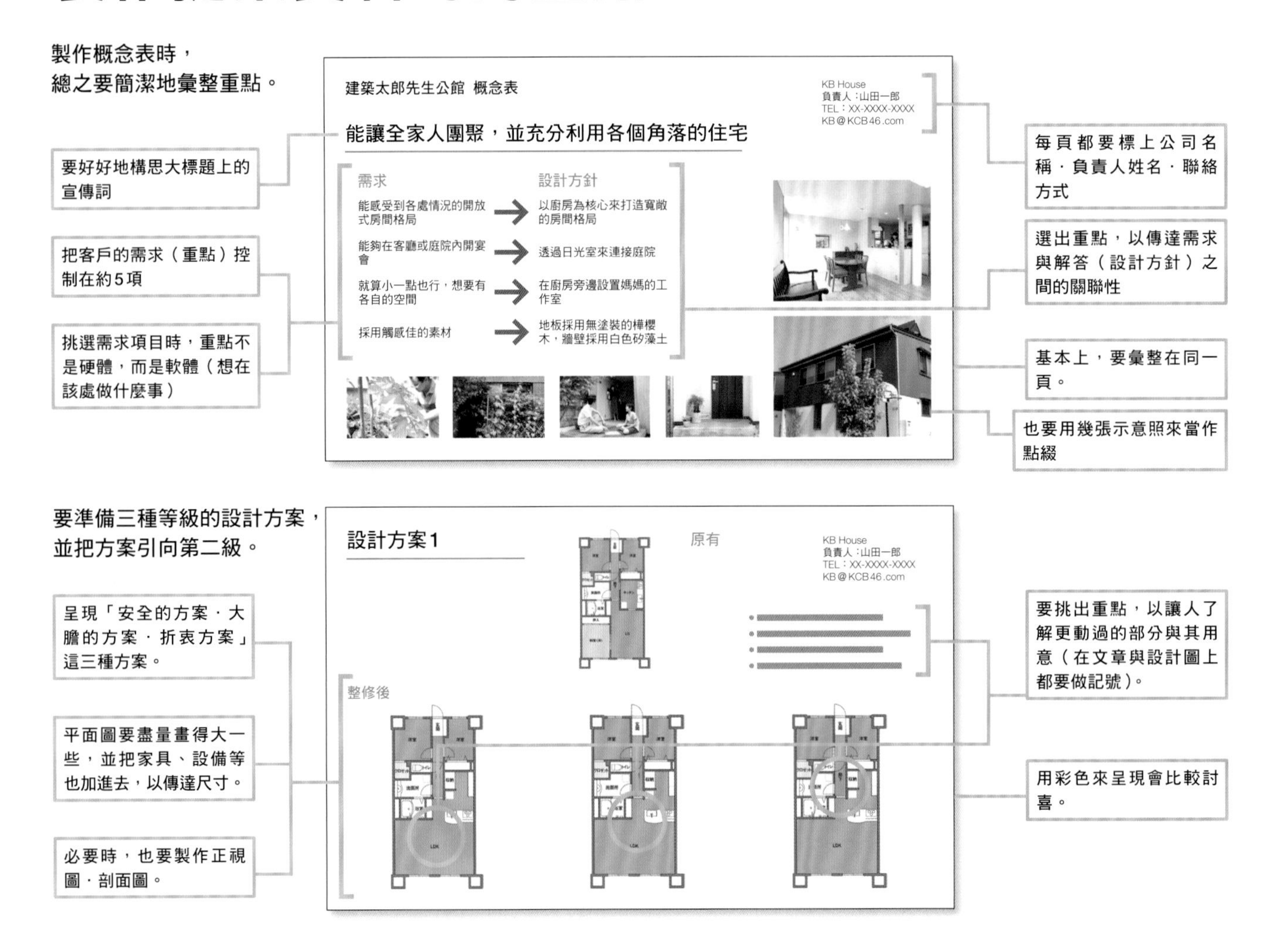

4｜「附近」有人住

「一邊住，一邊進行整修的情況」當然不用說，施工住宅周遭也可能會有許多居民。我們必須經常考慮到那些人的感受。自己公司的現場監工人員當然必須具備「選擇能降低聲音與震動的工法、重視養護工作」等技能，而且也要讓工程承包商貫徹這些理論。

5｜只要錯估現況的話，立刻就會造成虧損

與新屋建案不同，原有建築物的狀況各有不同，我們很難在拆除前掌握所有狀況。如果我們沒有採用「能預估會在各個階段變得明顯的風險」的設計，並根據此設計來選擇工程承包商的話，就會產生預料之外的費用，變得無法確保毛利。在基本資金較少的情況下，只要錯估人工（每人每日的工作量）的話，利潤就會立刻消失。

依照業主的興趣來特別設計室內裝潢

接著，我們要來說明客群的差異。雖然整修客群與新屋建案的客群有共通點，但差異也很多。我們所採取的營業風格必須基於這一點。

1｜性能

由於原有住宅的性能並不佳，所以無法要求高水準性能。業主所要求的性能水準為新建住宅的平均性能。不過，在已經有人住的住宅內進行整修時，「效果容易呈現在體感溫度與能源上的隔熱整修工程」還是很值得去做。

另外，比起新屋建案，由於容易留下造成瑕疵的要素，所以我們必須事先確實地消滅這類風險。

2｜房間格局

業主的需求傾向與新屋建案相同。不過，我們只要根據原有住宅的狀況來進行說明的話，業主就會比較容易接受我方的提案。在有原本模樣可供參考的情況下，業主會比較快同意設計方案。

3｜設備

業主的需求傾向與新屋建案相同。一般來說，業主會特別講究廚房周圍的部分。業主對於「浴室與空調等容易受到原有住宅影響的部分」的講究程度則會比新屋建案來得低。

4｜室內裝潢

在其他部分受到比較多限制的情況下，業主對於室內裝潢的重視程度會比新屋建案來得高。尤其是公寓大廈的整修案例，由於空間上無法做出變化，所以室內裝潢的重要性會非常高。

在本章的圖表中，可以看到以這種前提為基礎來進行彙整的實際方法。

由於業主會要求既細膩又迅速的服務，而且我們要針對提案內容來特別設計室內裝潢，所以在接待業主時，必須選擇擅長設計的員工，而不是業務員等仲介人，以讓那些員工迅速地直接回應業主。希望大家在掌握這項基礎後，能建立起自己公司的風格。

以家具為主，透過景色與參考照片來描繪意象圖

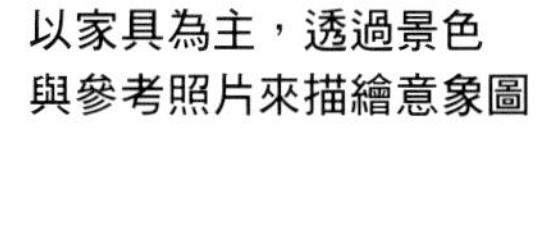

附上過去案例的參考照片。

在重點部分中，只要連細節都畫出來的話，看起來就會很真實。

主要場所的照片全部都要放。雖然這一點取決於公司的品牌形象，不過手繪素描給人的印象比較好，而且只要熟練後，就能畫得很快。

在現況報告書中確實檢查「結構的劣化・漏水」等項目。

包含地板下・天花板上方的空間等處，拍攝可照範圍的照片。

「盡量地與業主共享圖片資訊」這一點也很重要。

共享關於「現狀的劣化程度」與「必須修補的部分」等情報。

由於現況報告書與「撥款・確保利益率・避免客訴」等有密切關聯，所以要徹底地傳達情報。

從路邊停車到噪音都能應付的現場投訴對策指南

即使我們完成了設計性與成本效益都很高的整修工程，但要是發生客訴的話，就會賠了夫人又折兵。在此，我們要介紹能事先防範客訴的具體對策。對於設計整修的成功來說，這些對策是不可或缺的。

施工前的對策

為了防止客訴發生，在施工前充分地擬定對策是很重要的。在此，我們要介紹其中特別重要的施工前對策。

1—確保停車位

在都市地區進行建築工程時，最常見的客訴就是相關施工人員的路邊停車問題。尤其是整修工程，由於建築物不會被整成空地，所以在持續施工時，建地內幾乎沒有停車位。以公寓大廈來說，雖然可以在建地內準備訪客專用的停車位，不過大多必須事先提出申請，所以無法應付緊急情況。

無論如何，要確保所有相關施工人員的停車位是不可能的，所以我們必須事先確認「從停車場到施工現場之間，在不會妨礙行人走動的場所是否有停車位」這一點。接著，我們也要事先考慮到「需要支付相應的停車費時，費用要如何分攤」這一點。

此外，如果地點位在交通很發達的大都市區的話，也可以考慮「讓相關施工人員各自搭乘捷運或公車等交通工具前往現場」這種作法。另外，也可以採取「先讓施工人員到工務店集合，然後再一起開車前往施工現場」這種作法。

無論如何，若不採取任何對策的話，施工現場附近就會反覆出現路邊停車的問題，導致附近居民與屋主提出客訴。

2—告知鄰居

無論工程種類為何，告知鄰居都是很重要的行為。尤其是在公寓大廈進行整修工程時，建議大家最好事先充分地告知鄰居。這是因為屋主與鄰居會共同使用同一面牆壁與混凝土地板，所以噪音與振動很容易傳到鄰居那邊。

在公寓大廈中，準備施工的住戶必須先知會上下左右的鄰居。如果可以的話，最好也要知會同樣容易感受到噪音與振動的斜上方與斜下方的鄰居。在拜訪鄰居時，要將清楚記載了「施工日程表、施工時間、施工內容」等項目的文件交給鄰居，並進行口頭說明。另外，如果可以的話，最好也要先向管理委員會、管理公司、管理人等進行說明。同時，也要委託管理委員會等幫忙把關於工程說明的文件公布在布告欄上。如果幾天後文件還是沒有被公布的話，就先主動公布。

3—提交施工通知

在公寓大廈整修工程中，我們必須在施工前依照管理委員會所指定的格式來提交施工通知。如果沒有先提交適當的施工通知，就開始施工的話，工程就會被勒令停止，施工人員會被禁止出入該處，對屋主造成困擾。

一般來說，我們要提出以下四種文件。

①施工概要書（規格書、簡圖等）
②施工進度表（施工時間、休工日、噪音施工日等）
③施工業者誓約書（施工人員注意事項同意書、公共區域規範等）
④施工人員名冊（或是施工人員、施工者、工程負責人聯絡方式・可聯絡時間等）

提交時間會因公寓大廈的管理體制而分成許多種。當管理委員會採取自治管理時，我們必須在開工前將這些文件交給理事會。即使是很熱心舉辦活動的理事會，由於集會本身的召開頻率約為兩週一次，所以希望大家能事先確認理事會的日程表，再繼續準備資料，以趕上開會那天。

施工中的對策

工程本身所包含的「髒汙、噪音、許多相關施工人員頻繁出入」等許多要素都可能會引發客訴。在此，我們要介紹施工中的客訴與其對策。

1—髒汙對策

在整修工程中特別需要注意的就是施工現場周圍的髒汙對策。建築工程很容易讓人聯想到「骯髒」，只要有人親眼發現「髒汙」的話，立刻就會引發客訴。

在髒汙對策中，最重要的一點就是保護措施。舉例來說，在公寓大廈施工時，希望大家能採取「徹底地在從大廈玄關到施工現場的地板上鋪上藍色防水布」這種保護措施。尤其是「用來搬運施工器具與結構材料的電梯」，整個牆面都必須有充分的保護措施，以避免牆面遭受損傷。因為種種原因而無法徹底進行保護措施時，

整修工程常見客訴的具體對策

主要客訴	施工前的對策	施工中的對策
路邊停車	■要在公寓大廈旁準備訪客專用停車位時，要事先辦理使用手續。 ■確認附近的停車位（也要確認停車費的分攤方式） ■考慮讓相關施工人員各自搭電車或公車前往現場。 ■考慮先讓人員到工務店集合，再開車接送。 ■考慮事先尋找不會阻礙行人通行的場所（以不違法為大前提）	■要在路邊停車時，要先讓現場監工人員或代理人在車子附近或可看到車子的地方待命。 ■每當相關施工人員的車長期佔用居民停車格或路邊時，都要引導他們把車停到收費停車場。
髒汙	■事先充分地向施工人員說明或教導「施工現場周圍的髒汙會引發客訴問題」這一點。 ■教導施工人員要徹底將施工現場清理乾淨。	■若是公寓大廈的話，從玄關到施工現場的部分都要鋪上藍色防水布，採取徹底的保護措施。 ■在電梯內，整個牆面都要採取充分的保護措施，以避免牆壁等受損。 ■無論如何都無法採取保護措施時，要事先在施工現場的入口處準備用來去除髒汙的踏墊，以避免工作鞋等物弄髒公共區域。 ■要是出現髒汙的話，就要迅速地清理乾淨。 ■在施工完畢後，要將用於保護措施的器具收走，使該處恢復原狀。
噪音	■事先掌握公寓大廈居民的特徵，調整施工時間與日程。 ■事先充分地向鄰近居民說明施工內容。	■盡量避免使用會發出巨大聲響的電動工具，使用時要關上窗戶，並避免在會打擾鄰近居民的時間使用。 ■進行拆除工程時，若想避免發出巨大聲響的話，最好請木匠來進行拆除工作。 ■在興建、拆除地基與混凝土牆時，無論如何都會發出巨大聲響，振動幅度也會變大。我們應盡量縮短施工時間，如果可以的話，也應事先透過布告欄等來通知鄰近居民。

為了避免工作鞋弄髒公共區域，我們可以事先在施工現場的入口準備用來去除髒汙的踏墊。

2 噪音對策

在施工時，噪音也是很常見的客訴項目。特別容易引發客訴的是拆除工程。拆除業者大多會用相當粗暴的方式來進行拆除工作，每當他們破壞牆壁或基底部分時，就會發出很大的聲音。因此，在進行拆除工程時，希望大家要盡量減少使用電動工具，並仔細地透過人力來拆除。

要實行人力拆除工程時，只要交給木匠來拆就行了。由於木匠了解人力拆除方法，所以即使沒有大型電動工具，也能進行拆除工作。不過，如果木匠不熟悉拆除工作的話，就得多花幾天才能拆除完畢，效率並不佳。如果想要兼顧效率與人力拆除的話，就得委託工作態度很謹慎的拆除業者，而且現場監工人員也必須持續地指導施工人員。

另外，在平常的工程中，如果無論如何都會發出巨大聲響的話，就應該事先掌握公寓大廈居民的特徵，並調整施工時間與日程後，再開始施工。舉例來說，當公寓大廈內有較多年幼兒童時，就要考慮到午睡的時間，當公寓大廈內有較多人上夜班時，就要避免在清晨施工。

3 相關施工人員的教育

雖然這一點不僅限於整修工程，但相關施工人員的行為舉止還是會大幅影響附近居民對於該工程的印象。

最重要的工作就是問候附近居民。光是有好好地問候居民，居民對工程的印象就會變得相當好，因此我們希望大家要讓相關施工人員徹底地問候居民。另外，大家也要讓相關施工人員徹底遵守「不要把施工器具放在現場外、不要在明顯的地方抽煙（基本上，最好要採取禁煙措施）、不要把收音機開得很大聲」這些理所當然的事。

要是發生客訴的話

即使在施工前・施工後採取充分的客訴對策，客訴還是會發生。客訴一旦發生的話，在當天向提出客訴的當事人進行說明是很重要的。時間一旦經過，當事人很有可能會變得更加不滿，使事情變得難以補救。我們必須立刻聯絡提出客訴的當事人，誠懇地說明情況。這樣做可以防止更嚴重的客訴發生，進而使工程能夠更加順利地進行。

整修費用的關鍵！
拆除&更換用水處的成本

有段時期，業者曾打出「更換成整體浴室，工期只需3天！」這種宣傳口號。
實際上，業者在施工前並沒有進行修繕，工程的完成度很低，應該會出現很多問題。
為了提昇合理的利潤，「設定合理的工期」與「關鍵部分的預測」是很重要的。
以下會根據實例來進行解說。

可靠的工期能帶來合理的利潤

◎磁磚浴室→整體浴室〔能提昇完成度的〕施工進度表

建知先生公館 施工進度表

開工日 2011年11月28日
完工日 2011年12月3日

工期 6 天

建知房屋
東京都港區六本木7-2-26
負責人 建築雄二
手機 090-XXXX-XXXX

月	11						12				
日	25	26	27	28	29	30	1	2	3	4	5
星期	五	六	日	一	二	三	四	五	六	日	一
告知鄰居											
開工日				開工					完工		
				拆除工程							
自來水管工程					鋪設管線 澆灌混凝土地板		安裝熱水器		安裝洗手台		
廠商施工						UB施工					
木工工程					修補		整體浴室施工		安裝地板 收邊條		
裝潢工程							油灰	軟墊地板・塑膠壁紙			
電力工程					鋪設線路		鋪設EcoCute的線路		收尾		
				拆除後的實地檢查				安裝扶手			
				15：00				15：00			
瓦斯工程				暫時讓瓦斯管線繞道			確認整體浴室的功能→整體浴室能夠使用				

在此時決定最終預算

由自來水管工程業者與木匠搭配進行

要讓浴室在第四天傍晚變得可以使用

當多種工程複雜地牽扯在一塊時，要事先商量施工順序

若包含變更房間格局的話，工期就會再多一天。
透過可靠的預測來安排工期有助於確保利潤。

浴室的拆除．更換工程的概要（5～7天）（圖2）

拆除．收拾〔需要天數1天〕

施工者 自來水管工程業者（必須防止漏水）＋鷹架工人或木匠（讓木匠加入的話，會比較能夠掌握木工裝潢工程的順序，所以之後的工程會比較順利）

・拆除後，要在結構上做記號（由UB廠商來執行）。
・事先商量管線鋪設位置、出入口位置、混凝土地板高度、窗戶基底部分（若要更換窗框時）。

※1　在鑿平磁磚時，會產生細微塵埃。除了一般的地板保護措施以外，塵埃對策也很重要。在廢棄材料的搬出路徑上，也要做好保護措施。
※2　使用原有窗戶的情況，要注意窗戶與UB牆壁的連接處。窗戶的位置與整體浴室的牆壁經常會不吻合（多半會透過可自由切割尺寸的邊框建材來處理）。

修補工程〔需要天數1天〕

當底部橫木與柱子等骨架部分出現腐蝕或白蟻侵蝕的情況時，要在拆除隔天進行修補工程。進行現場檢查時，要先進行預測。

施工者 木匠

・事先到現場與木匠商量補強方法（視情況，必須進行白蟻防治措施）
・依照骨架的狀況，會需要支付材料費與工資，所以要將額外費用告訴業主（從避免客訴的觀點來看，要迅速處理）。

間隙管線　鋪設管線　澆灌混凝土地板〔需要天數1天〕

施工者 自來水管工程業者＋鷹架工人

工程的重點

・在上午，由自來水管業者來連接內外管線。到了下午，補充沙子，並澆灌混凝土地板。
・基本上，會更換供水．熱水管。排水管則會依照劣化程度來決定是否更換。
・洗手台的內外管線相連部分也要在這天施工。
・由於照明設備與換氣扇的開關位置會改變，所以要在現場再次確認。
・採用拉門時，也要注意原有的插座位置等。

※1　採用附有抽屜式收納櫃的洗手台時，由於供水．熱水管的取出位置會因櫃門的樣式而改變，所以要特別注意。在保養維修方面，我們建議採用「外露於地板上方的管線」。
※2　採用多功能換氣扇時，必須要有專用電路，所以會事先在這天鋪設線路。

UB安裝〔需要天數1天〕

施工者 UB施工業者＋自來水管工程業者

・除了熱水器等外部工程以外，這天無法進行UB施工以外的工程。
・由於UB工程的最後會進行防水氣密措施，所以施工後的UB禁止進出。
・為了釐清漏水時的責任歸屬，所以我們要事先確認UB與供水．熱水管的連接工程是由自來水管工程業者還是UB施工業者來負責。

※1　由於最近的UB幾乎都不對應鄰接安裝型（兩孔）的熱水器，所以如果原有的熱水器屬於此類型的話，就要更換成自由安裝型的熱水器。
※2　一般來說，熱水器的瓦斯管連接工程會由屋主委託簽約業者來進行。

木工工程〔需要天數1～2天〕

施工者 木匠＋自來水管工程業者

・主要內容為安裝洗手台這邊的外框、牆面的施工、裝設地板收邊條與天花板收邊條。
・若房間格局有更改的話，則需2天。
・自來水管工程業者要確認「供水．熱水供應．重新加熱」等功能，讓UB在當天晚上變得能夠使用。

室內裝修工程〔需要天數1天〕

施工者 粉刷工程業者、壁紙工程業者等（依照裝潢種類）

工程的重點

・依照塗裝、灰泥、貼上塑膠壁紙等裝潢種類來安排工匠。
・依照室內裝修工程的進度來決定要在當天傍晚還是隔天安裝洗手台。

拆除&更換整體浴室時的重點

　包含洗手台在內，整體浴室（Unit Bathroom，以下簡稱UB）的安裝工程至少需要5天。根據情況，有時會需要多1～2天。舉例來說，有時必須更換窗框（業主的需求），或是更改格局，而且也要考慮到「施工環境惡劣」這項因素。另外，拆除後所得知的骨架損傷程度等也會影響工期。

　在磁磚浴室內，最容易受損的部分有很高的機率會發生「骨架腐蝕」或「遭受白蟻侵蝕」等情況。在安排工期時，要考慮到最糟的情況，在施工現場也要彈性地調整施工進度。在施工前，我們也必須充分地向業主說明這類情況。

　在這種「將磁磚浴室整修成整體浴室的工程」中，隔壁的盥洗更衣室的地板經常會因濕氣而受損。另外，由於UB出入口與盥洗更衣室的牆壁是相連的，所以一般來說，我們會建議進行「浴室＋盥洗室」這種工程。在原有的熱水器的更換時機方面，由於熱水器大多會同時逼近使用年限，所以同時更換機器設備的話，會使整修工程變得比較有效率。

　浴室整修工程最常見的模式如下：

①磁磚浴室→UB
②盥洗室的內部裝修．洗手台的更換
③瓦斯熱水器的更換
④使用原有的窗框

　以成本效益來說，這是最合理的模式。如果將這些施工內容分開，分別在不同時期進行的話，反而會提高成本，並導致完成度變差。

廁所的拆除・更換工程的概要（2天）（圖3）

拆除～地板（牆壁）基底〔需要天數2天〕

施工者 自來水管工程業者或木匠

・由於廁所內的施工空間只能容納一人，所以另一人要負責把廢棄材料搬出去。
・若地板基底是木製的話，施工速度會比較快。若採用磁磚地板，並在砂漿下方堆滿沙子的話，拆除與搬出工作就無法在上午結束（這類拆除工作要交給經驗豐富的人負責）。
・拆除後，由木匠在地板基底處施工（要注意完成度的等級）。
・在不會妨礙「用來固定地板下橫木的木材與管線」的地點設置地板下橫木，然後由自來水管業者鋪設新的管線。
・需要插座時，要請電力業者事先埋設管線。

地板裝潢～安裝器具〔需要天數1天〕

施工者 木匠・電力工程業者・自來水管工程業者

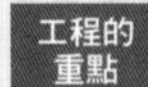

・若地板的裝潢建材為軟墊地板的話，可以貼上兩片12㎜厚的膠合板（下方為針葉木膠合板，上方為柳安木膠合板）
・若地板的裝潢建材為木質地板的話，可以使用針葉木膠合板來當作襯板
・若為「列車式馬桶＊」的話，在拆除地板時，由於牆壁會出現瑕疵，所以牆壁也必須進行施工（若裝潢建材採用塑膠壁紙的話，可貼上石膏板。若能安裝扶手的話，可把部分牆壁改成膠合板）
・在上述這種情況下，要裝設地板收邊條・天花板收邊條，並請室內裝修業者來貼上塑膠壁紙
・室內裝修工程結束後，由電力業者安裝插座，然後由自來水管業者安裝馬桶、捲筒衛生紙架、毛巾桿
・確認上述這些動作後，就能完工

＊註：廁所內有一層臺階，馬桶位於臺階上，男性小便時會比較方便。

◎廁所的拆除・更換工程的成本（表2）

作業・工程	成本
解體、拆除	若地板基底是由木材組成的話，需1人工。若是砂漿＋沙子的話，則需2人工
廢棄材料處理費	・包含原有的馬桶在內，若地板基底是由木材組成的話，費用約為10000日圓 ・砂漿＋沙子：約25000日圓
木工工程	1～2人工
室內裝修工程	25000日圓（前後的牆壁都貼上塑膠壁紙，地板採用軟墊地板）
電力工程	約10000日圓（設置附有接地線的插座。依照馬桶種類，有時會需要專用插座，所以要多留意）
自來水管工程	材料加施工費約為25000日圓
馬桶、捲筒衛生紙架、毛巾桿（材料）	視選擇的產品而定
基底木材（材料）	8000日圓（前方與後方的地板下橫木・用來固定地板下橫木的木材・膠合板・石膏板・地板收邊條・天花板收邊條）

◎浴室的拆除・更換工程的成本（表1）

作業・工程	成本
解體、拆除	2～3人工（若是高地基的話，鑿平工作會很辛苦，所以要先用3人工來計算）
廢棄材料處理費	包含原有洗手台、熱水器在內，處理費約為50000日圓（以1坪大的磁磚浴室來說，首日拆除後所產生的垃圾量為兩輛2噸貨車的載運量）
混凝土地板澆灌工程	材料加施工費約為25000日圓
供排水設備工程	・鋪設UB管線：材料加施工費約為35000日圓 ・鋪設洗手台管線，安裝器具：材料加施工費約為20000日圓 ・鋪設熱水器管線，安裝器具：材料加施工費約為20000日圓
木工工程	1人工
電力工程	材料加施工費約為25000日圓（不需要專用電路※的情況）
UB＋UB組裝費	視產品而定
洗手台（材料）	視產品或裝潢建材的規格而定
瓦斯熱水器（材料）	視產品而定
室內裝修工程	・牆壁／天花板：材料加施工費約為20000日圓（貼上塑膠壁紙的情況） ・地板：材料加施工費約為10000日圓（貼上軟墊地板的情況） ・邊框建材・地板收邊條・天花板收邊條・基底材等（材料）：約15000日圓

※需要專用電路或更換配電盤時，就得追加費用。

在浴室的整修工程中，如果不確認骨架模樣的話，就無法正確地估算金額，因此正式的預算要在拆除後才能確定。在提出估價單時，請事先向業主說明此事。

一般來說，工期為一週。不過，由於許多屋主都是一邊住在該屋，一邊進行整修，所以在安排施工進度時，最好要以「在第四天晚上讓浴室變得能夠使用」這一點為目標。若包含假日在內的話，工期就會延長，所以最好盡量在週一開工。**（參閱圖1）**

UB工程發包前（現場檢查時），首先應該留意的是UB結構材料的搬入路徑。由於廠商的資料中會記載「最低必要限度的走廊寬度」等項目，所以我們要事先好好地瀏覽一遍。尺寸最大的浴缸部分的結構材料會成為搬入路徑的基準。另外，我們也要事先記住「施工空間、材料放置處、天氣惡劣時會造成的影響」等事項。

在UB→UB的整修工程中，拆除工作會輕鬆多了。由於不需鑿平磁磚或泥土地，所以廢棄材料的量也會只有一半。另外，「不需進行混凝土地板澆灌工程」這一點的影響也很大。因此，施工第一天的進度就能從拆除進行到連接內外管線。第二天會開始組裝UB，之後的工程則與**圖1**相同。

在將公寓大廈的磁磚浴室改成UB時，由於基底部分就是骨架，所以在鑿平磁磚時，要特別留意，以避免使骨架受損。

為了確保UB的尺寸，所以會出現「鑿平到極限程度」的情況，而且鋼筋混凝土結構本身也會發生「內側出現隆起」的情況。我們可以到公寓大廈的管理辦公室提出影印骨架設計圖的請求，並在確認尺寸後，討論UB的大小，避免採用逼近極限的尺寸。採用可自由搭配尺寸的UB也是方法之一。

廁所拆除・更換工程的重點

在廁所整修工程中，比較常見的模式為以下這六種：

①西式馬桶→西式馬桶
②西式馬桶→西式馬桶＋牆壁（天花板）
③西式馬桶→西式馬桶＋地板
④西式馬桶→西式馬桶＋地板＋牆壁（天花板）
⑤日式馬桶→西式馬桶
⑥日式馬桶（列車式馬桶）→西式馬桶＋牆壁（天花板）

在這當中，由於③～⑥包含了「地板建材的變更」與「將日式馬桶變更為西式馬桶」這些條件，所以這些工程會成為護理保險的對象。另外，編號的數字愈大，工程會愈辛苦，所需預算也愈多**（圖3為⑥的情況）**。在工期方面，最好把①～③的工期訂為1天，④～⑥的工期訂為2～3天。

順便一提，由於廁所空間很狹小，所以各業者無法同時施工。在施工時，需要互相輪流，所以工程的單位是小時。

廚房拆除・更換工程的重點

在廚房整修工程中，重點在於要在何處劃分整修範圍。一般來說，我們可以設想以下這三種情況。

①只更換廚房設備
②更換廚房設備＋客飯廳的內部裝潢
③更換廚房設備＋LDK的內部裝潢

在地板・牆壁・天花板的整修中，最耗費成本的是地板。由於廚房設備會放在地板上，所以「先確認原有地板的損傷程度」是很重要的事。

此外，只更換廚房設備時，必須注意「原有地板・牆壁・天花板的連接部分」。在以前的房間格局中，大多會用隔間牆來區分DK與客廳。也有許多人會委託業者拆掉隔間牆，使LDK變成相連的空間，採用吧台式廚房。當然，在拆除隔間牆時，必須要考慮到「是否有結構阻力上的問題」這一點。

整修流程如同**圖4**。工期會依照規模與內容而有所不同，若只需整修廚房部分的話，需要2天的工期。如果要貼磁磚的話，就要再多加一天。不管是木造住宅還是公寓大廈，這種工程都一樣。

廚房的拆除・更換工程的概要（2天）（圖4）

解說時，會以「廚房系統櫃＋廚房面板的拆除・更換」作為前提。

解體、拆除～連接內外管線〔需要天數1天〕

施工者 自來水管工程業者與木匠（因為拆除時，必須防止漏水，拆除後，要確認基底的狀態，依照情況，有時還必須立刻進行修繕）・瓦斯工程業者・電力工程業者

工程的重點
・廚房設備本身的解體與拆除工作需花費2～3小時
・拆除後，要由自來水管工程業者・瓦斯工程業者進行連接內外管線的工作，並由電力工程業者來負責安裝插座・照明器具・換氣扇的通風管。
・由木匠來決定裝設廚房面板時的施工順序。

註1　瓦斯業者的安排很容易被忘記，所以要多留意。
註2　即使原有的換氣扇為螺旋槳風扇，我們還是會建議採用多葉片式風扇。這種風扇不易受到風的影響，排氣量穩定，在施工上也很少出現問題。

裝設廚房面板～安裝廚房設備〔需要天數1天〕

施工者 木匠與自來水管工程業者或廚房廠商指定業者（前者比較便宜）・瓦斯工程業者

工程的重點
・如果沒有要進行「人工大理石的焊接」等特殊工作的話，委託木匠與自來水管工程業者會比較便宜
・安裝後，會由瓦斯工程業者來進行火爐的點火測試
・自來水管工程業者確認混合水龍頭與洗碗機的功能後，就能完工。

註　要注意吊櫃、窗戶、天花板高度的相對位置

廚房的拆除・更換工程的成本（表3）

作業・工程	成本
解體、拆除	1人工
廢棄材料處理費	15000～25000日圓
自來水管工程	材料加施工費約為25000日圓
木工工程	2人工
電力工程	材料加施工費約為25000日圓
瓦斯工程	材料加施工費約為20000日圓
廚房系統櫃（材料）	視選擇的產品而定
廚房面板・輔助材料（材料）	視選擇的產品而定
基底木材	視情況而定

註　在公寓大廈中，即使施工現場在10樓，也可能無法使用電梯。在編列各項預算時，也要事先考慮到搬運費用。

徹底探討成本效益！
低成本設計整修法

**在整修工程中，許多業主會提出超乎預算的需求，我們經常必須思考降低成本的方法。
在本章節中，我們會模擬日常業務中常見的預算與需求，
並說明如何制定計畫，並在預算內完成施工。**

我們所承包的整修工程多半都是「因為房屋劣化而出現問題，必須趕快處理的案例」。「是否能看清必要的工程」這一點會取決於整修提案者的能力。

因持續劣化而令人感到困擾的重要部分包含了「造成漏雨的外部」與「機器設備的故障」。首先，我們要思考的就是如何修繕這些部分。在這方面，當預算吃緊時，首先要考慮「抑制設備的等級」。接著，要考慮「縮小施工範圍」。此時，我們要先研究「即使之後再整修也不會影響成本的範圍」。

我們把比較常見的低成本整修委託案例分成以下這三種，並說明成本的分配方式。

案例1：在目前居住的屋齡20年住宅（外部已在2年前整修完畢）中，「透過３００萬日圓以下的預算，進行以用水處為主的整修工程」。

案例2：在新買的屋齡20年二手公寓大廈中，「透過５００萬日圓以下的預算，在寬敞的ＬＤＫ與用水處進行整修」。

案例3：在新買的的屋齡20年（外部已有10年沒有整修）二手獨棟住宅中，「透過８００萬日圓以下的預算來進行全面整修」。

300萬日圓的木造住宅整修

首先，案例1的施工範圍包含了浴室・盥洗室與廚房（ＤＫ）、廁所。

在此，我們一開始要考慮的問題為，控制浴室・盥洗室的整體浴室（以下簡稱ＵＢ）與洗手台的等級。以定價來說，ＵＢ所分配到的預算為１００萬日圓以下，洗手台為10萬日圓以下。在建築物內，浴室・盥洗室是最容易受損的部分，所以包含地板在內，要進行全面性的室內裝修。預算的大致標準約為１２０萬～１５０萬日圓。更換瓦斯熱水器約需10萬日圓。

在廚房方面，選擇定價在１００萬日圓以下的產品，包含飯廳廚房的牆壁・天花板的壁紙張貼工程在內，預算要控制在１００萬日圓以下。

把日式廁所改成西式廁所。若採用配備「溫水洗淨便座」的省水型產品的話，馬桶的定價約為20萬日圓。包含地板在內，整體內部裝修的費用約為30萬日圓。如此一來，總金額就會達到２５０萬～２８０萬日圓。我們也可以把「整體浴室的窗戶更換」包含在此整修工程內。

500萬日圓的公寓大廈整修

接著是案例2。在預算上，無法大規模地變更房間格局。因此，我們會把施工範圍縮小至ＬＤＫ，提昇廚房與收納設備的等級，把預算分配給內部裝修與地板建材。

另外，透過「把ＬＤＫ的施工費控制在３００萬日圓左右」來將「ＵＢ與盥洗室、廁所的器具更換，以及該房間的內部裝修」納入整修範圍也是一種成本效益很高的方案。在更換器具的同時也更換內部裝修是很有效率的作法。將這些內容彙整後，就如同**下頁**那樣。

800萬日圓的木造住宅整修

我們認為，以木造住宅來說，若預算在８００萬日圓以上的話，有些人會想要透過申請貸款來彌補不足金額，將房子整修成新屋那樣。雖然許多業主的需求都是全面整修，不過如果把外部也納入施工範圍的話，就很難克服金額上的問題。雨水槽等設備的整修必要性很高，標準約在10年左右。當業主想要更換窗框時，我們應該要先記住外部的情況，再提出建議。想要降低成本時，首先要考慮的是「降低機器設備或內部裝潢的等級」，然後再逐漸縮小整修範圍。

在此，我們根據「屋齡20年，外牆與屋簷在10年前有經過重新粉刷，內部完全沒有整修過」這種常見的條件，試著提出了整修方案。如同上述那樣，基本上，為了騰出外部整修的預算，所以我們會降低廚房與馬桶等設備器具的價格，並採用杉木或松木等較便宜的純木材地板。我們把彙整了這些內容的建議規格列在**P120**。

公寓大廈整修的提案〔目標成本480萬日圓〕

整修前

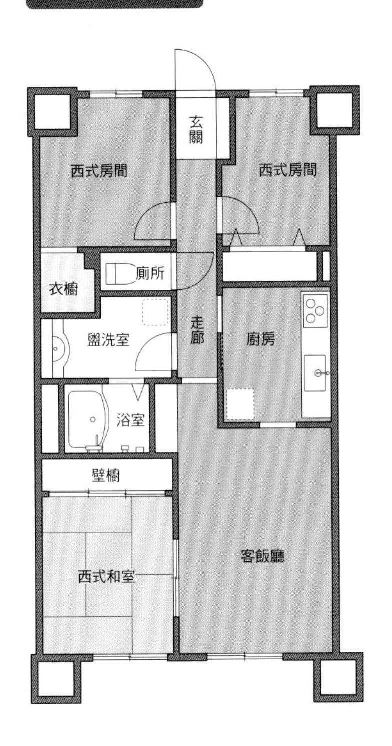

在公寓大廈中很常見的3LDK格局。特徵為不適合目前生活方式的零碎格局。老舊的新式建材室內裝潢也會降低人們住在此處的意願。

整修後

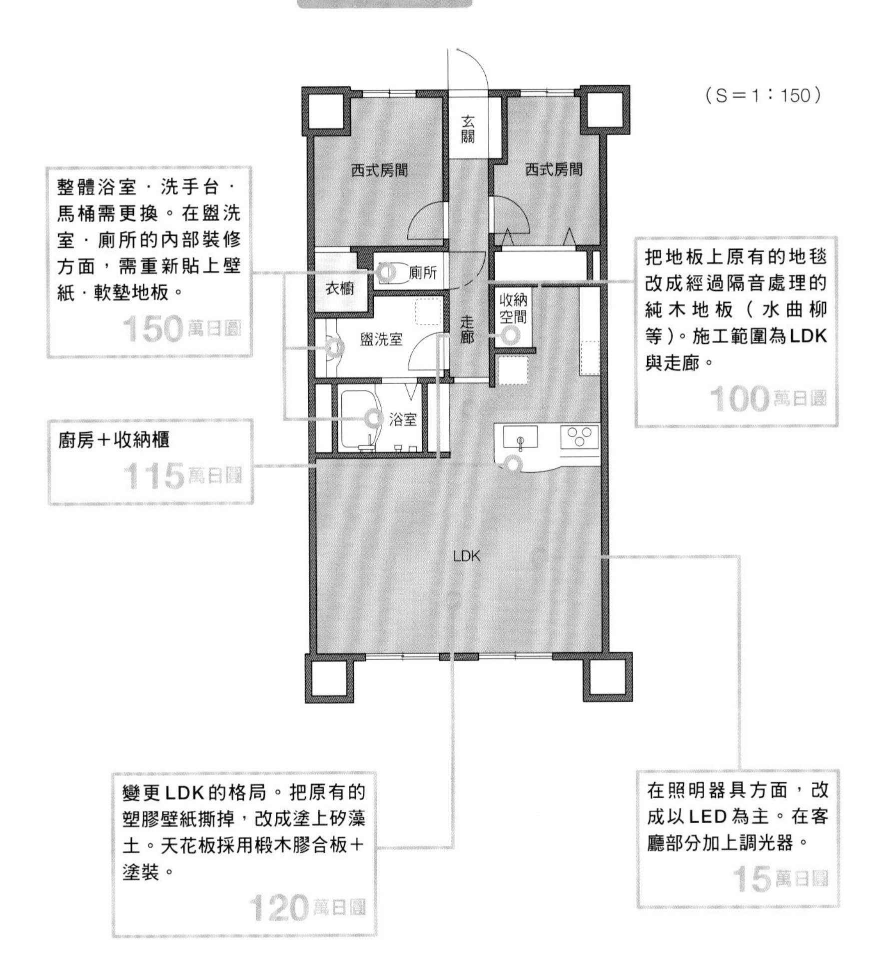

整修前

由於視線被遮住，所以空間內會產生阻塞感。

整修後

藉由拆除最低限度的隔間牆來打造出開放式的LDK。裝潢也改成廉價的天然素材。

木造獨棟住宅的整修方案〔目標成本800萬日圓〕

整修前

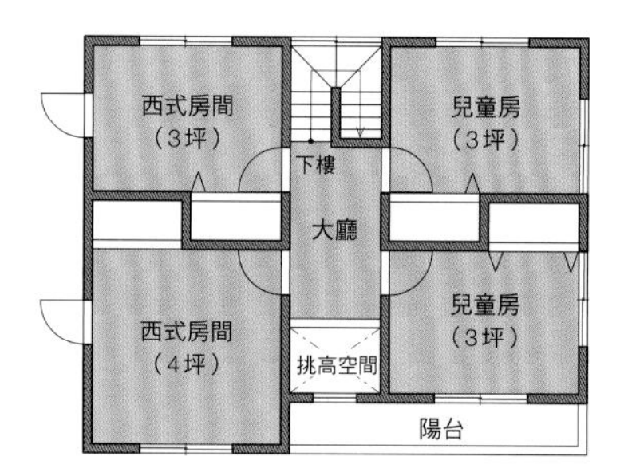

2樓

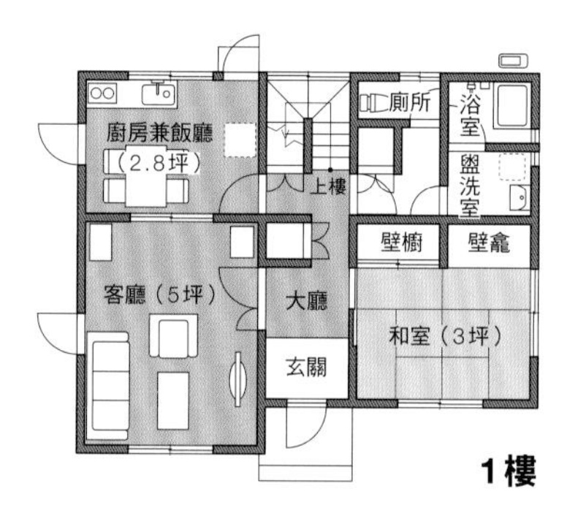

1樓

「中央大廳型」是住宅型建商很常採用的房間格局。首先應該做的是，消除零碎的格局。

整修後

（S＝1：200）

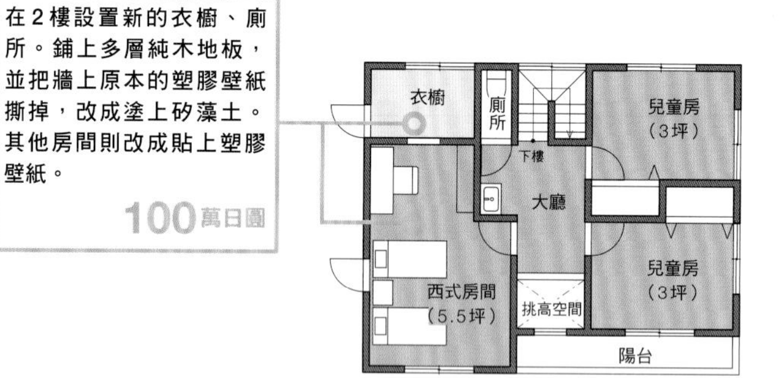

2樓

在外部方面，外牆與屋頂要進行塗裝，雨水槽要更換。

120萬日圓

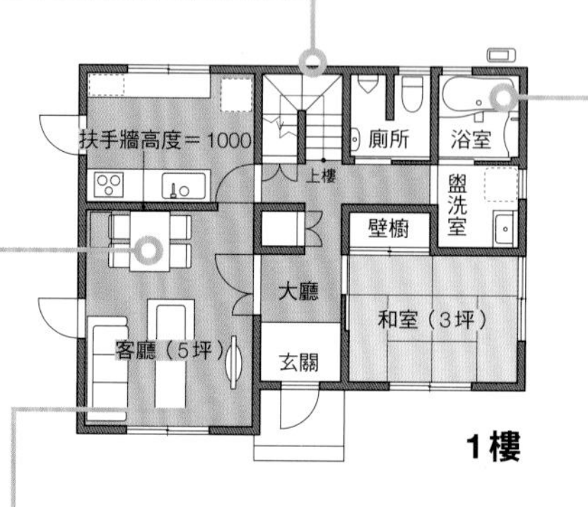

1樓

把原有的飯廳兼廚房與客廳改成一室格局的LDK。鋪上多層純木地板，把牆上原本的塑膠壁紙撕掉，改成塗上矽藻土，天花板採用椴木膠合板＋塗裝。

270萬日圓

照明器具改成以LED為主。在客廳部分加上調光器。依照場所，也可以考慮利用原有器具。

10萬日圓

在屋齡20年的住宅內，由於磁磚浴室處於相當危險的狀態，所以要更換成整體浴室。另外，也要把盥洗室與廁所更改成較寬敞的格局。廁所內也要同時設置落地型小便斗。窗戶採用雙層玻璃。

300萬日圓

整修前

LDK三個空間都各自被區隔開來，會讓人感覺到阻塞感。

整修後

移動比較容易更動位置的廚房，藉由拆除最低限度的隔間牆來打造出開放式的LDK。

The Rule of the Housing Design

透過物美價廉的設計
來興建住宅

＼ 這點很有特色 ／

主婦觀點的房間格局 與商店風格的室內裝潢

1050 萬日圓（1600萬日圓）

32坪

profiling:01 Space agency

Ara1000 House

在4間（1間約為1.818m）見方大的經濟實惠方型空間內，採用「寬敞的LDK」與「重視家事動線的房間格局」這些便利性來呈現特色。利用店鋪設計經驗而設計出來的室內裝潢也是受歡迎的祕訣。

● Ara1000 House的基本規格

〔結構・面積〕
結構：木造軸組工法
建築面積：53.00㎡（16坪）
總建築面積：105.16㎡（32坪）
建築物高度：7.469m

〔設備〕
廚房：Bb（YAMAHA Livingtec）
（譯註：YAMAHA Livingtec 目前已更名為TOCLAS）
浴室：Beaut（YAMAHA Livingtec）

〔裝潢〕
地板（LDK）：複合式地板
地板（玄關）：300mm見方磁磚
天花板：塑膠壁紙
樓梯：橡膠拼接板（裝潢建材）
屋頂：鍍鋁鋅鋼板0.4mm厚
外牆：纖維水泥板15～16mm
門窗隔扇：現成的門窗隔扇（大建工業）

〔性能〕
窗戶：鋁材樹脂複合型窗框（MADIO P）＋雙層玻璃
屋頂隔熱：岩棉75mm厚
外牆隔熱：岩棉55mm厚
Q值：2.8
地基隔熱：擠壓成型聚苯乙烯發泡板25mm厚
防火性能：中央部會所規定的防火規格（由業主選擇）

雖然內外裝修的裝潢建材為一般建材，但用水設備會統一採用中～高級的YAMAHA產品。

Ara1000 House的基本設計方案（S＝1：180）

標準方案

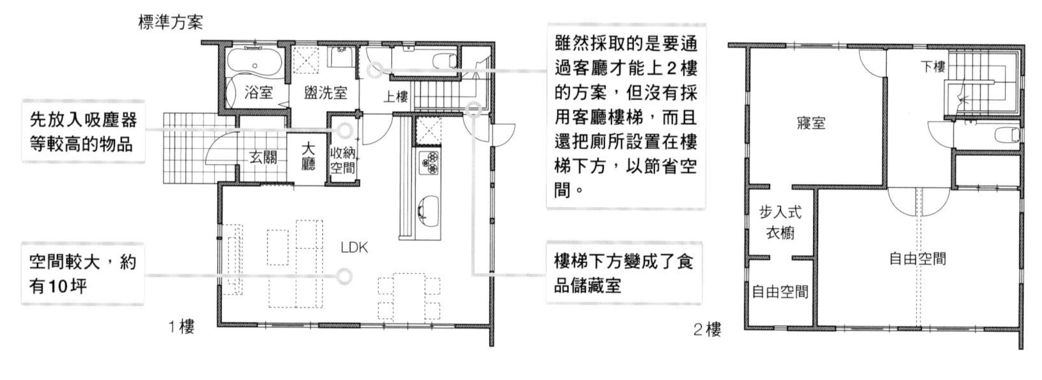

自訂方案

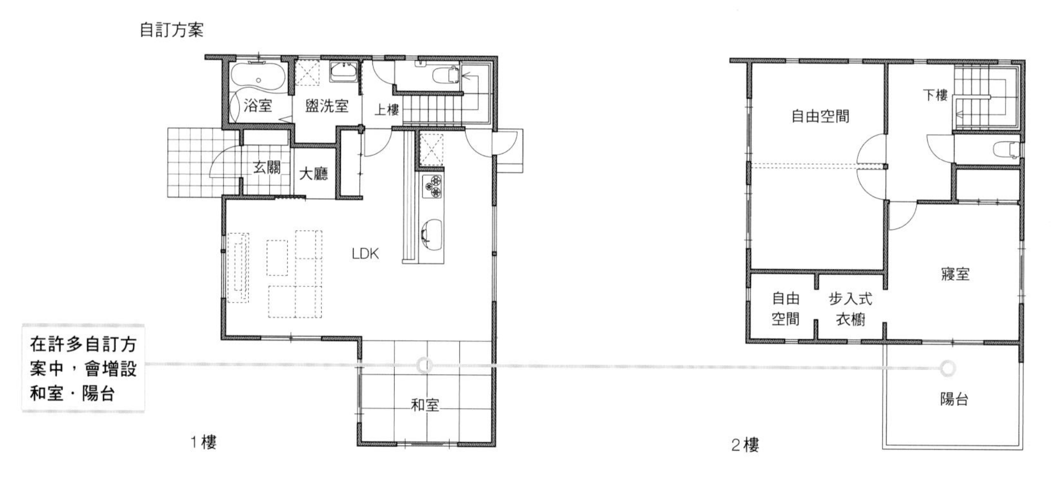

廚房　寢室

追求既方便又多功能的設計

重視關於「會待很久的廚房」與「增加了房間使用方式的寢室」的提案

收納空間與冰箱位置的設計

雖然是吧台式廚房，但冰箱位在抽油煙機的深處，從客廳看不到冰箱的門與內容物。另外，我們只要打開左方照片深處的門，就會看到左下方那張照片中的食品儲藏室。該空間位於樓梯下方。此外，位於廚房背後的是右下方照片中的大收納櫃。

廚房旁邊的電腦桌

在廚房與飯廳旁設置共用的電腦桌。媽媽可在此處看食譜，小孩也可在這裡寫家庭作業，很方便。綠色的牆壁是黑板，可當作備忘錄等（選購）。

讓寢室變得多功能

由於2樓有充裕的空間，所以可以在寢室旁邊設置步入式衣櫥與迷你書房。另外，業主對於「藉由在寢室內設置Apple TV與投影機來打造便宜的家庭劇院」這種提案也有不錯的評價。

客廳

透過高側窗・下照燈・間接照明來打造清爽的空間

「讓天花板與牆壁看起來很美」是室內裝潢設計的基礎。因此，我們要在窗戶與照明器具上下工夫。

利用高側窗來確保牆壁空間

在調整室內裝潢時，牆壁是重點。由於高側窗能夠一邊確保牆壁空間，一邊達到採光與通風的作用，所以要積極地利用。

漂亮地呈現天花板

在天花板上，不設置嵌燈，而是把LED上照燈當作標準配備。在某些例子中，人們也會採用可自由選購的間接照明。

自訂方案（實例）剖面詳圖（S＝1：60）

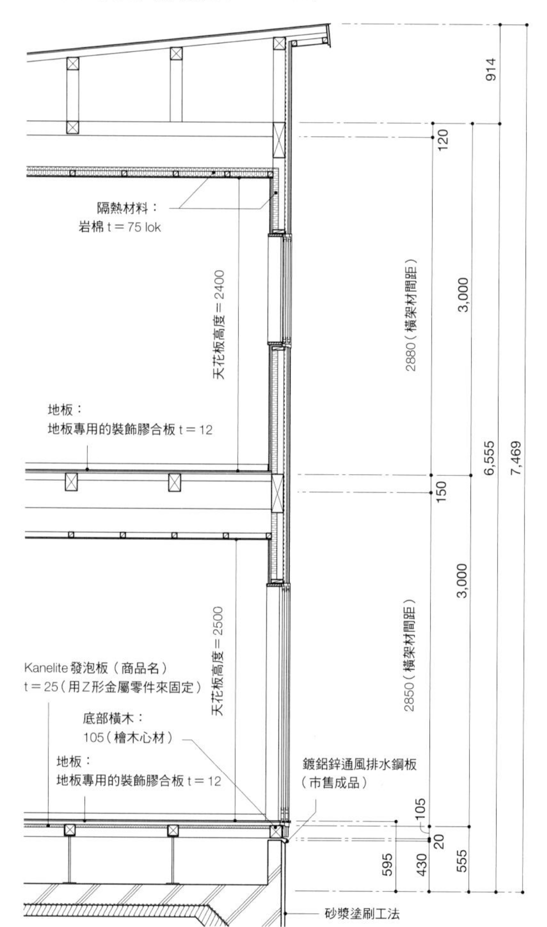

自訂方案（實例）平面圖（S＝1：150）

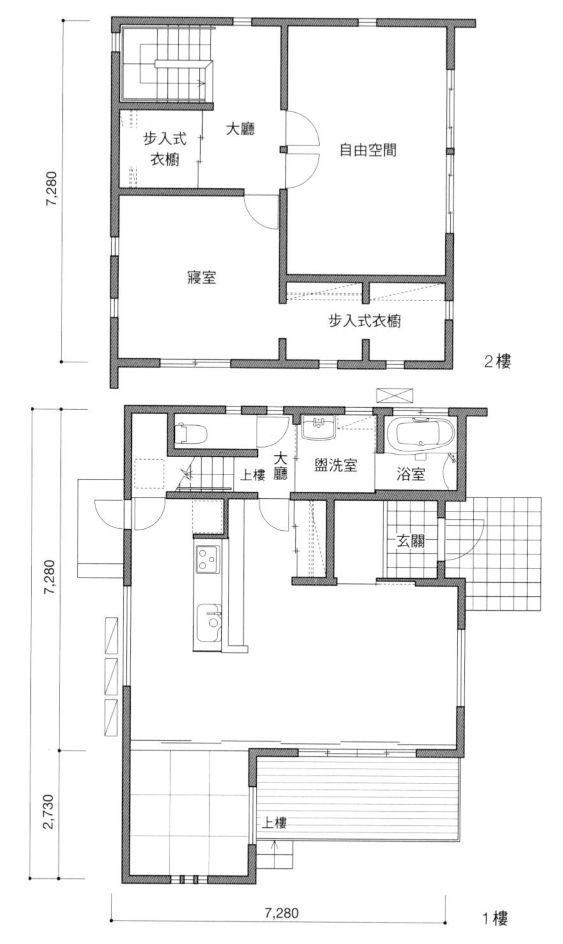

\ 這點很有特色 /

透過「新成屋＋α」的價格 來提供高品質的素材與空間

1290 萬日圓

25 坪

profiling:02 WOODSHIP

WOOD BOX

WOODSHIP是一家由兩人經營的小公司。他們降低固定成本，限制範圍，並將所有流程合理化後，提供他們精心設計的高質感住宅。

WOOD BOX的基本規格

〔結構・面積〕
結構：木造軸組工法
建築面積：59.52㎡（18坪）
總建築面積：102.48㎡（31坪）
建築物高度：7.03m

〔設備〕
廚房：NORITZ
浴室：NORITZ
其他設備：Ecojozu節能熱水器

地板：杉木
牆壁：土佐和紙
天花板：土佐和紙
樓梯：杉木
屋頂：鍍鋁鋅鋼板
外牆：鍍鋁鋅鋼板
門窗隔扇：椴木膠合板平面門

〔性能〕
窗戶：鋁材樹脂複合型窗框＋雙層玻璃
屋頂隔熱：NEOMA發泡板
外牆隔熱：高性能玻璃棉16K 100㎜厚
地基隔熱：擠壓成型聚苯乙烯發泡板第3型50㎜厚
Q值：不明
防火性能：節能等級4・耐震等級3（長期優良住宅標準規格）

功能材料與裝潢建材的規格大致上與價格位在「中上」範圍的建築物相同。

正視圖（S＝1：80）

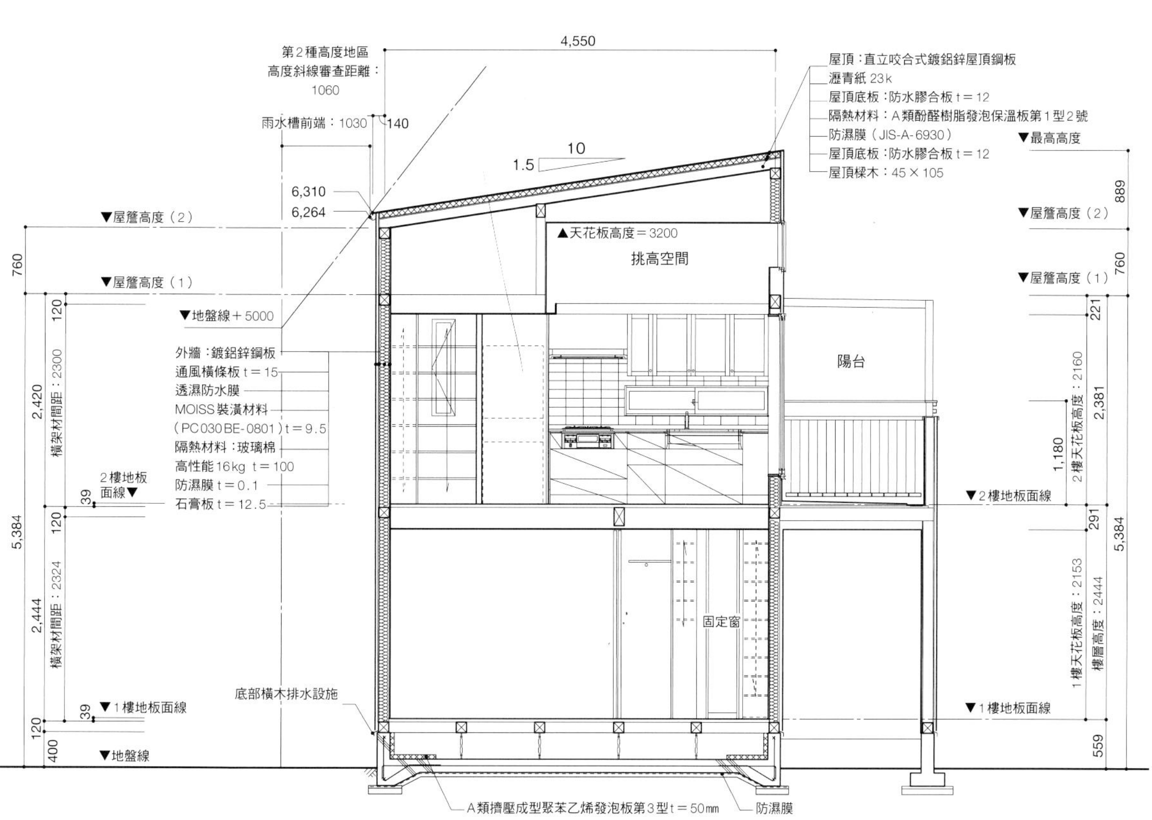

LDK

生活空間很豐富的一室格局空間

雖然LDK是一室格局空間，但我們會透過「設置豐富的生活空間」來讓家人在無意中聚集起來。

把落地窗提高到可以坐下的高度

把2樓客廳的落地窗提高約30cm，使其與陽台相連。該處會成為長椅，而且緊鄰天花板的開口部位的高度會達到2200mm。

事先在其他工廠將樓梯裁切好

與其他結構材料不同，我們會事先把日產木材拿到裁切工廠切成樓梯。只要在「由樑木裁切而成的樓梯斜樑側板」上嵌入三層式杉木板來當作踏板，就能完工。

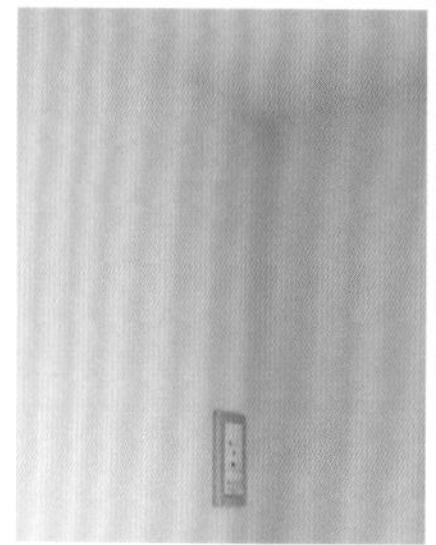
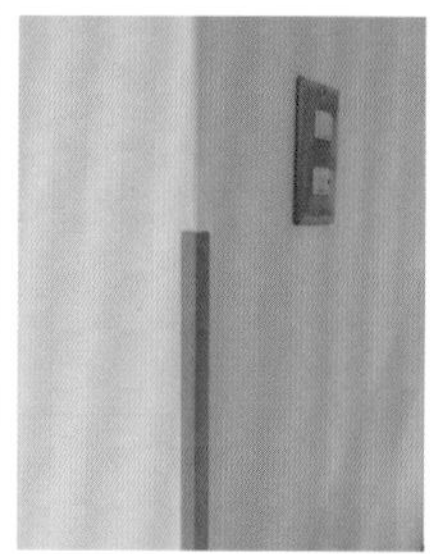

高質感的優質裝潢與簡單樸素的結構工法

在LDK的地板方面，我們會從一級杉木材中挑選出質感勻稱的類型。基本上，牆壁與天花板會採用土佐和紙壁紙，不使用天花板收邊條。地板收邊條為木製，並會裝設在石膏板上。正面部分會控制在40mm內。另外，採用灰泥塗料時，會透過嵌入硬木來保護轉角部分（右下方照片）。

透過固定窗來清楚呈現景色

在設計「眺望風景用的窗戶」與「外觀整潔的窗戶」時，只要採用固定窗的話，就能清楚地呈現景色。為了避免陽光不小心照進來，所以在施工時，只要多留意方位等要素，窗戶就能發揮作用。

榻榻米區與電腦桌

業主對於LDK附近的兩大需求為，設置榻榻米空間與電腦桌（共用書房）。電腦桌採用嵌入式工法製作而成。

門窗
隔扇

施工性佳，外觀也很清爽

內外門窗隔扇的結構工法會影響建築物的氣氛。清爽的結構工法能夠提昇高級感。

窗框的結構工法（S＝1：6）

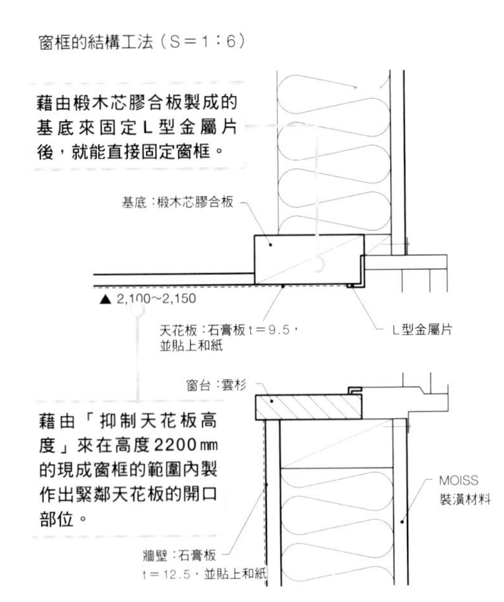

能使窗框與天花板對齊的簡潔結構工法

把窗框的上框固定在「用來當作基底的木芯膠合板」上，並把下框固定在窗台上後，就能讓窗框與天花板對齊。不會破壞開口部位的連貫性。

受歡迎
的要點

線條很少的清爽空間

此設計受歡迎的理由在於，我們用了許多天然素材，並用低廉的價格將其組合起來，打造出「很有建築師住宅風格，而且又相當簡約的開放式空間」。我們透過「適當的施工順序與指示」與「重視施工性的結構工法」來實現這種設計。

在內部門窗隔扇方面，採用懸吊門或無框設計

使用拉門來當作內部門窗時，會選擇懸吊門，並把天花板的細長木材固定在懸吊門軌道上。金屬零件只會突出板材表面數mm，大致上是對齊的（右側照片）。若採用鉸鏈門的話，則會省略上框（左側照片）。

懸吊門的結構工法（S＝1：6）

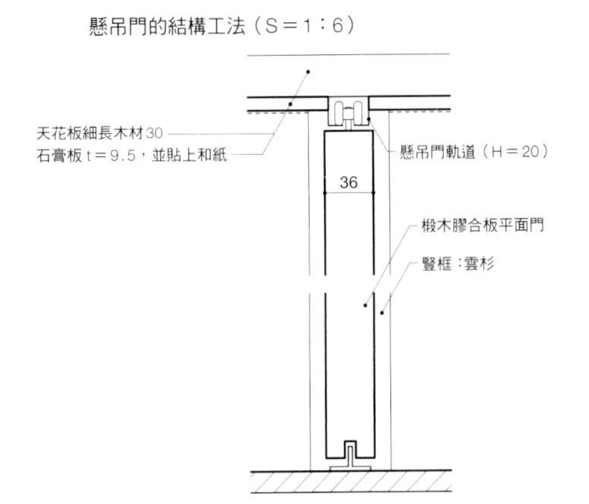

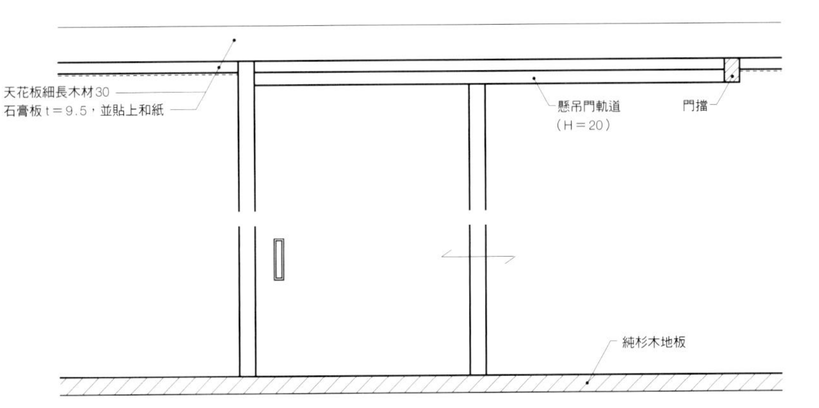

設備

一邊留意設計，一邊依照成本效益來選擇設備

徹底尋找並採用物美價廉的設備，以讓內行業主感到讚嘆。

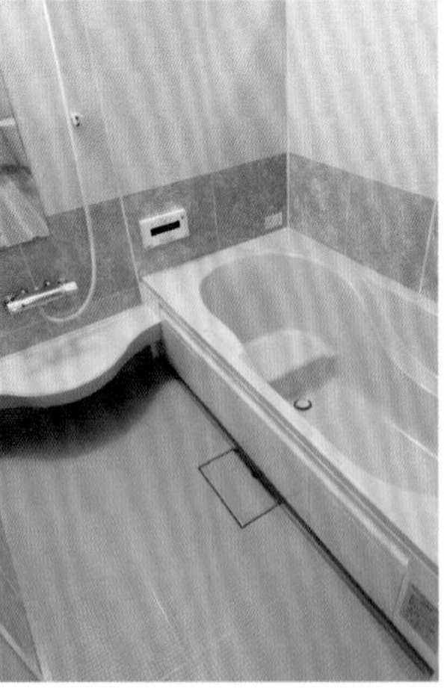

要在用水處貫徹成本效益

在廚房與浴室等用水處，我們會從價格較便宜的產品中挑選出「功能與設計性都被視為最佳的產品」來當成標準設備。廚房系統櫃採用的是NORITZ的「Beste」I型2550（有配備洗碗機／玻璃面板瓦斯爐與無濾網式薄型抽油煙機），整體浴室是NORITZ的Clesse JX1616型，洗手台是SANWA COMPANY的PLAIN-V UPRIGHT型（W＝750㎜）。

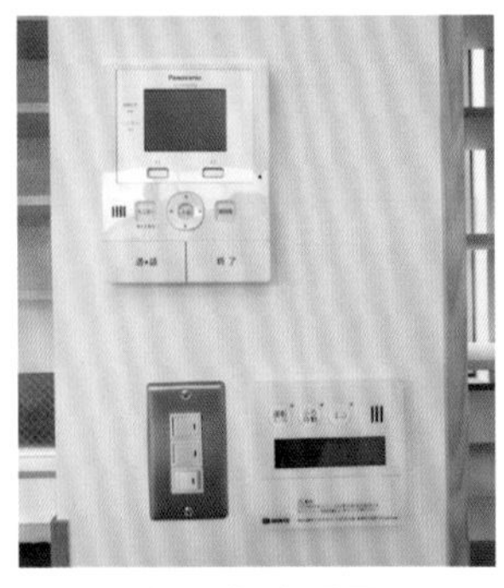

操作面板要集中設置

只要把對講機與浴室的熱水器等設備的操作面板集中在同一處，就不會妨礙室內裝潢。為了避免破壞便利性，所以在決定設置場所時，也要同時考慮到動線。

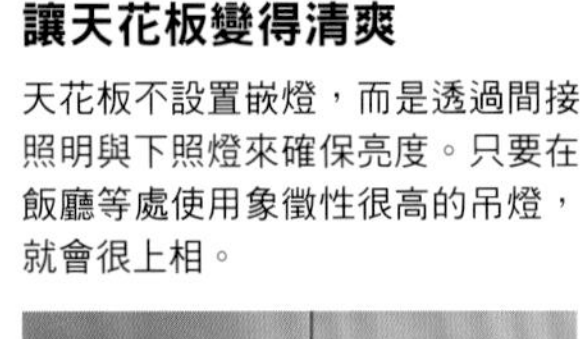

透過間接照明與下照燈來讓天花板變得清爽

天花板不設置嵌燈，而是透過間接照明與下照燈來確保亮度。只要在飯廳等處使用象徵性很高的吊燈，就會很上相。

徹底調查物美價廉的產品

連細部都經過徹底檢驗的規格能讓內行業主感到讚嘆。我們並非是以價格為前提，而是把「能實現（不阻礙）我們所追求的設計與性能」這一點當作前提來仔細研究，基本部分反而可以說是高規格。

在經營上，要徹底減少浪費

我們會徹底地採取節省經費的方針。透過「少人數（2人）經營、自宅兼事務所、把範圍限制在鄰近的市町村、將設計標準化」等方式來提昇工作效率。採用這種方法時，老闆從設計到現場監工都必須樣樣精通才行。

便宜的要點

利用沒有競爭對手的優勢來縮短事前會議的次數

以WOOD BOX的價格範圍來看，沒有其他競爭對手。整修設計公司能夠主導事前會議。

洽詢窗口 透過網路

許多人都是在網路上得知WOOD BOX後才與我們洽詢的。也有一定數量的人會透過住宅入口網站來到我們的網站首頁。在實際業主中，我們經手了數件新成屋與天然素材住宅，也有許多人會來參觀、研討。

▼

事前會議的次數 約3次

由於潛在業主會根據研究天然素材住宅等的經驗來得知「以這種價格範圍來取得這種規格的住宅」這一點的難度，所以他們不會提出不合理的要求（我們會拒絕提出不合理要求的業主）。
事前大多開個2～3次會議後，就會簽約。

施工期間 3個月

由於我們採用的是容易施工的小型住宅型態與結構工法，所以能夠縮短工期。由於我們會把範圍限制在鄰近的市町村，所以監工頻率很高，「業主一有質疑，就能立刻回答」這一點也是縮短工期的秘訣。縮短工期而節省下來的經費可以用來當成其他施工現場的調整費。

設計方案 依照格子結構來打造合理的房間格局

骨架是箱型的剛架結構。我們會透過單斜面屋頂與窗戶配置來巧妙地增添變化。

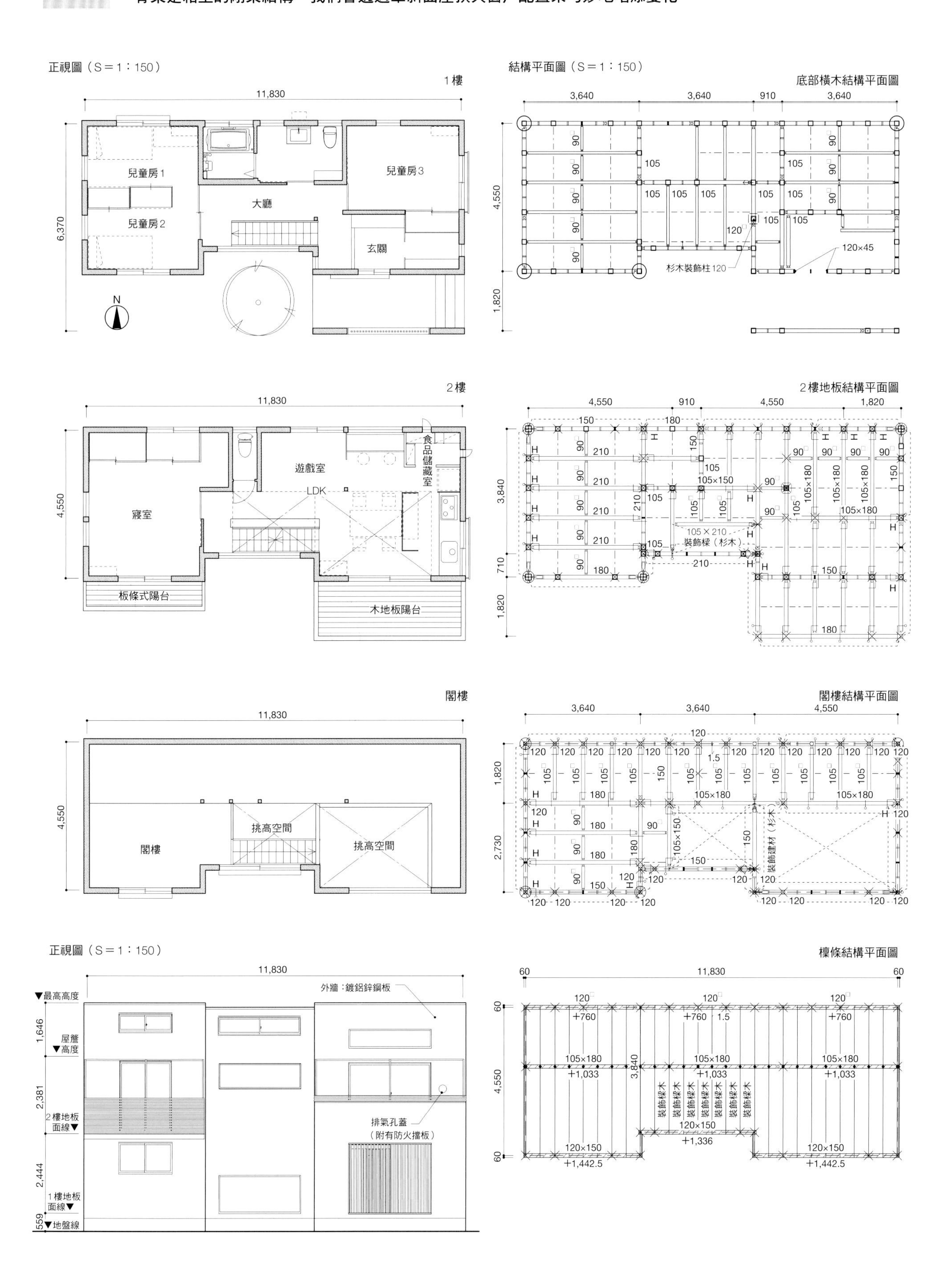

\ 這點很有特色 /

利用「絕對不隨便變更設計」這一點來使裝潢・設備提昇2個等級

1370 萬日圓

30 坪

在hacore的設計方案中，原則上是不能變更設計。不過，由於我們能夠藉此來減少設計與施工的工夫，並降低結構材料的成本等，所以我們能以較低的價格來採用高品質的裝潢與設備。

hacore的基本規格

〔結構・面積〕
結構：木造框組工法
建築面積：52.79㎡（15.96坪）
總建築面積：96.05㎡（29.05坪）
建築物高度：6.556m

〔設備〕
廚房：Takara standard
浴室：整體浴室（採用磁磚裝潢）
其他設備：瓦斯型熱水地板、瓦斯型浴室暖風乾燥機（kawakku系列）

〔裝潢〕
地板：樹脂磚・複合式地板
牆壁：塑膠壁紙
天花板：塑膠壁紙
樓梯：組合式樓梯
窗戶：（窗框＋玻璃）
屋頂：鍍鋁鋅鋼板
外牆：纖維水泥板

〔性能〕
屋頂隔熱：硬質氨基甲酸乙酯發泡板（現場發泡）120mm厚
外牆隔熱：岩棉90mm厚
Q值：不明（C值＝0.2）
地基隔熱：擠壓成型聚苯乙烯發泡板50mm厚
節能標準等：無特別之處
防火性能：符合中央部會規定的防火建築

與住宅的價格相比，設備・裝潢的規格會提昇2個等級。包含隔熱性能在內的性能方面則是標準規格。

剖面圖（S＝1：150）

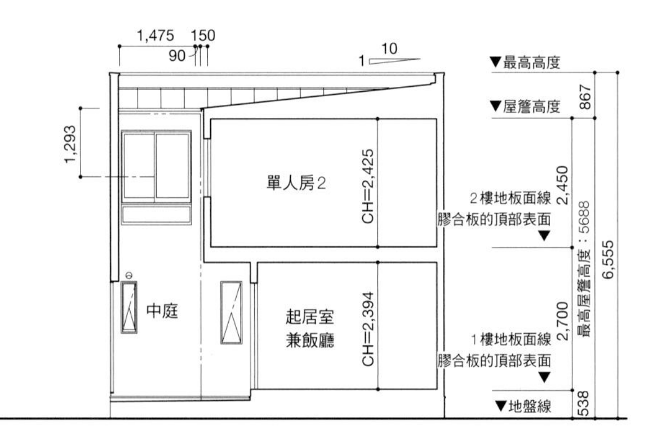

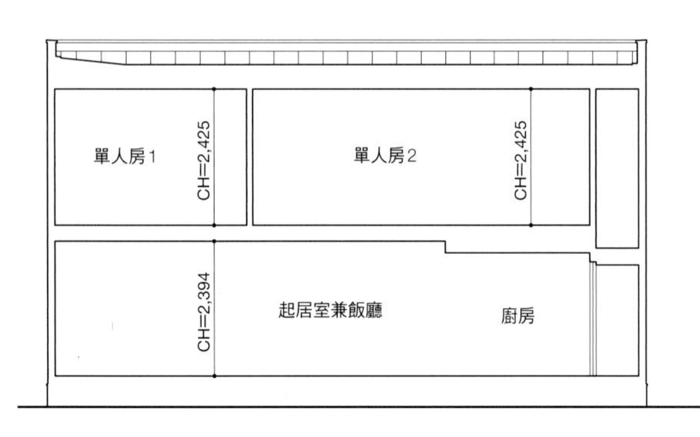

透過「不變更設計方案」來大幅減少開會次數，並縮短工期

「原則上無法變更設計方案」這項規定對於「減少開會次數」與「縮短工期」有很大貢獻。

洽詢窗口 透過網路

除了透過網路來攬客以外，我們還會在住宅分售地內經營以販售為前提的樣品屋等。

事前會議的次數 約3次

由於原則上不變更設計方案，所以事前會議頂多只會開三次。不過，我們可以接受「增加隔間」或「調整玄關」等輕微變更。

施工期間 2～3個月

由於設計方案與結構工法都是固定的，所以如果條件很好的話，只需2個月的工期就能交屋。
工期的縮短對於木造框組工法的實績也很有幫助，一年內我們已處理超過100棟住宅。

LDK

利用中庭打造出一個「不用開門，就能很明亮的開放式空間」

藉由讓LDK與中庭相連，來使明亮的光線從上方照進關上門的LDK。

1. 從廚房這邊觀看以白色為基調的明亮LDK。地板所採用的樹脂磚是一種具備高級質感的素材。 **2.** 從LDK觀看中庭。雖然中庭原本會被格子門遮住，但我們也會如同照片中那樣，準備可自由開關的門來供業主選購。 **3.** 二樓的起居室由地板、貼上白色壁紙的牆面與天花板所構成。

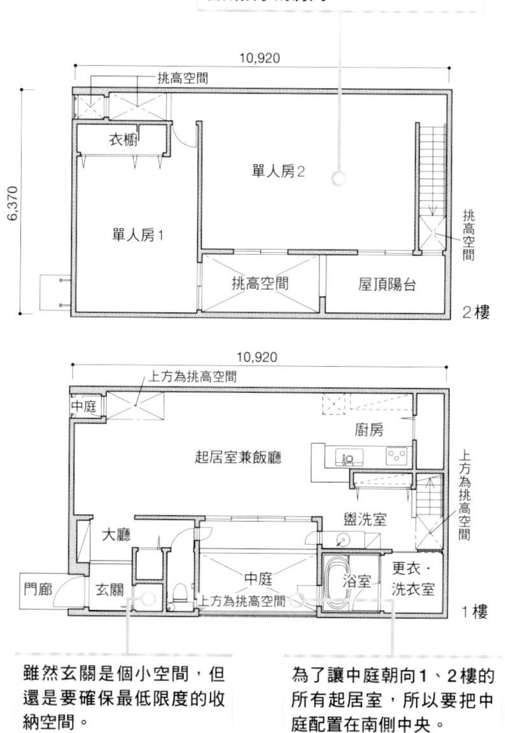

受歡迎的要點

不改變設計方案，而是在結構材料方面下工夫

雖然我們不會改變設計方案，但我們會相對地準備便利性很高的建築配件。

不需調整設計方案就能設置的廁所

當2樓需要廁所時，可採用能設置在外牆外側的組合式廁所。

兼具隔間牆作用的組合式收納櫃

為了將寬敞的2樓空間隔開而準備的組合式收納櫃。不需在天花板與地板上打洞，就能將其固定。

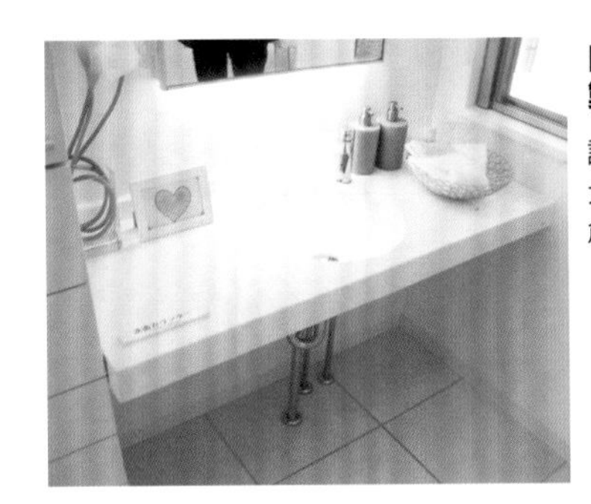

由人造大理石製成的大型洗手台

設置造型簡約的洗手台。大阪瓦斯住宅設備公司原創產品（TOTO）。

檯面採用人造大理石製成的廚房系統櫃

廚房採用的是大阪瓦斯住宅設備公司的原創產品（Takara standard）。

受歡迎的要點

透過「不變更設計方案」來使裝潢與設備提昇2個等級

在設計・施工方面所省下來的工夫對於「採用高品質的裝潢與設備，以提昇顧客滿意度」很有貢獻。

透過磁磚裝潢與玻璃門來打造出具有開放感的浴室

以「很有設計感的浴缸與高級磁磚」為特色的「Oval」（日暮里化工）。

主要起居室的地板採用樹脂磚

這種具有高級感的白色樹脂磚叫做「ROYAL STONE」（TOLI）。

透過關上格子門來打造出私人中庭

由於格子門平常是關上的，所以此外部空間的隱蔽性很高。

可自由開關的外牆格子門

如同左圖那樣，雖然格子門原本是關上的，但我們也可以採用可自由開關的設計。

玄關台階裝飾材採用人造大理石

為了讓地板表面的樹脂磚與設計呈現一致性，所以玄關台階裝飾材採用人造大理石。

＼ 這點很有特色 ／

使用市售成品來漂亮地打造出「傳統」風格的住宅

1430 萬日圓

38 坪

profiling:04 千歲房屋／forsense

JUST201

把窗戶的配置、天花板高度、櫃門、室內門的結構工法等建築師所講究的「漂亮結構工法」融入到「有考慮到施工性與成本，且具備通用性的結構工法」中，並加以活用。由於我們會一邊留意趨勢，一邊將空間整合成不標新立異的傳統風格，所以廣泛年齡層的業主都能接受。

JUST 201 的基本規格

〔結構・面積〕
結構：木造軸組工法
建築面積：67.65㎡
總建築面積：124.65 ㎡
建築物高度：8m

〔設備〕
廚房：Living Station S級（Panasonic）
浴室：La・BATH TASTE
廁所：A.La.Uno S
熱水器：EcoCute

〔裝潢〕
地板：純木地板（櫟木）＋塗上KINUKA（米糠製護木油）
牆壁：壁紙
天花板：椴木膠合板（採用板材縫隙工法）
裝飾用金屬零件：KAWAJUN
室內門：Kamiya CUBE系列（神谷公司）
玄關大門：AVANTOS（LIXIL TOSTEM）
窗戶：鋁製窗框＋低輻射雙層玻璃
屋頂：Color Best（KMEW）
外牆：鍍鋁鋅鋼板（褐色）
陽台：jolypate塗料（AICA工業）
木製露臺：宮崎縣產的杉木

〔性能〕
劣化對策等級（註：建築結構耐久度的等級）3
耐震等級2以上
管線維護管理對策等級3
節能對策等級4
長期優良住宅

※太陽能發電與外部結構工程不包含在標示金額內。

受歡迎的要點

內外皆美的玄關周圍部分會決定第一印象

白色陽台會成為其外觀的特色，為了搭配陽台，玄關也會設計成白色的。藉由「把玄關設置在較內側的位置，使其被周遭部分圍住」來呈現出沉穩的風格。玄關的收納櫃採用椴木膠合板，可呈現出既休閒又高雅的風格。

受歡迎的要點

可使飯廳變得明亮的風景窗

與客廳相比，飯廳的採光常會被忽略。說到飯廳照明的話，肯定會提到吊燈。光是透過「在牆上設置一個四角形的窗戶，讓室外的綠意與光線融入飯廳」，就能打造出既明亮又舒適的餐桌。

LDK

即使把LDK的功能分開，還是能呈現出整體感

在沒有走廊的大空間內採用一室格局的設計方案，一邊劃分功能，一邊讓裝潢呈現一致性，然後將開口部位與天花板的線對齊，緩緩地使其相連。

不設置門扇或隔間牆

雖然我們會讓LDK＋和室的功能各自分開，使其獨立，但我們不會設置室內門或隔間牆，而是溫和地將各個房間相連（左側照片）。廚房採用的不是吧台式廚房，而是獨立空間，從客廳與和室都看不到廚房。走廊深處的收納櫃的門緊鄰天花板，看起來與牆壁融為一體（右側照片）

能融入客廳的和室裝潢

位於客廳側面的日式客廳是和室，家人可以在此躺著或坐著，孩子可在此寫功課，總覺得很方便。讓客廳與天花板的裝潢相連，以消除阻塞感。和室與地窗（註：鄰接地板的小窗）很搭，而且也具備採光作用。另外，我們只要在壁龕的素材上下一點工夫，就能呈現出優雅的現代風格。在左下方照片的例子中，壁龕的素材採用的是拼接板，並上了漆。

設計方案

柱子直下率※達到90%的良好平衡房間格局

藉由提昇柱子與牆壁的直下率，也就是取得結構的一致性，來提昇住宅的耐震度。不僅如此，我們還要把住宅設計成既自然又協調的美麗形狀。

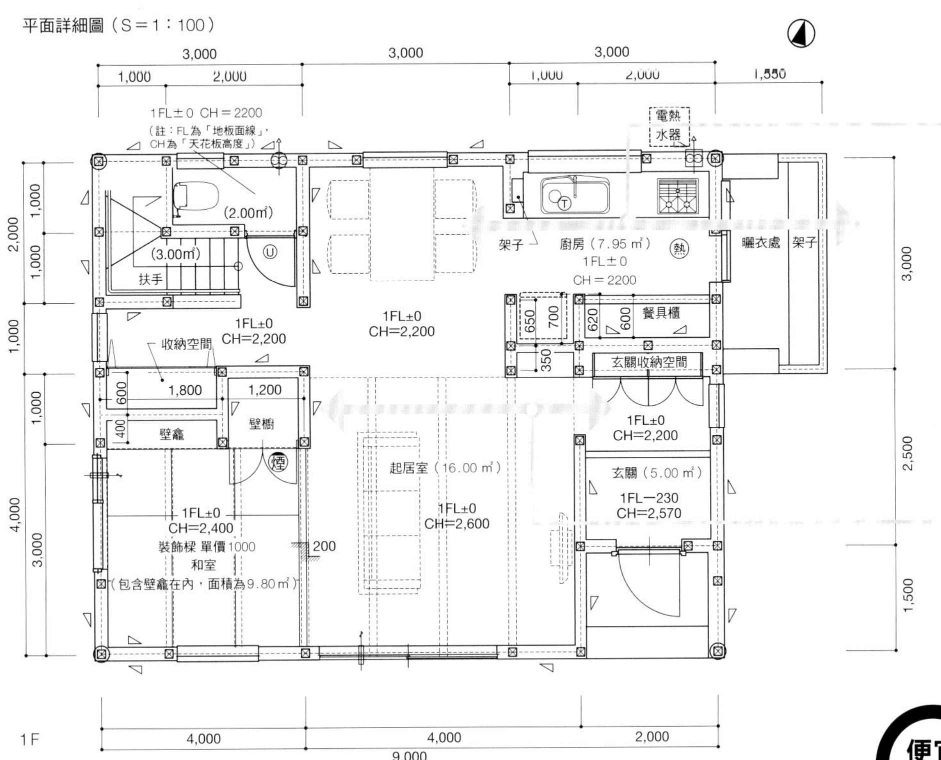

設置廚房出入口，以確保廚房的開放感。

從玄關觀看客廳。我們採用的是「不設置走廊的一室格局設計」。

透過格子結構來思考，並依照住宅結構來決定房間格局

由於我們會依照住宅結構來決定房間格局，所以不需要使用特殊的工法與材料。因為使用的結構材料種類也會減少，所以能夠降低成本。另外，藉由降低高度，也能有效地減少牆壁面積。

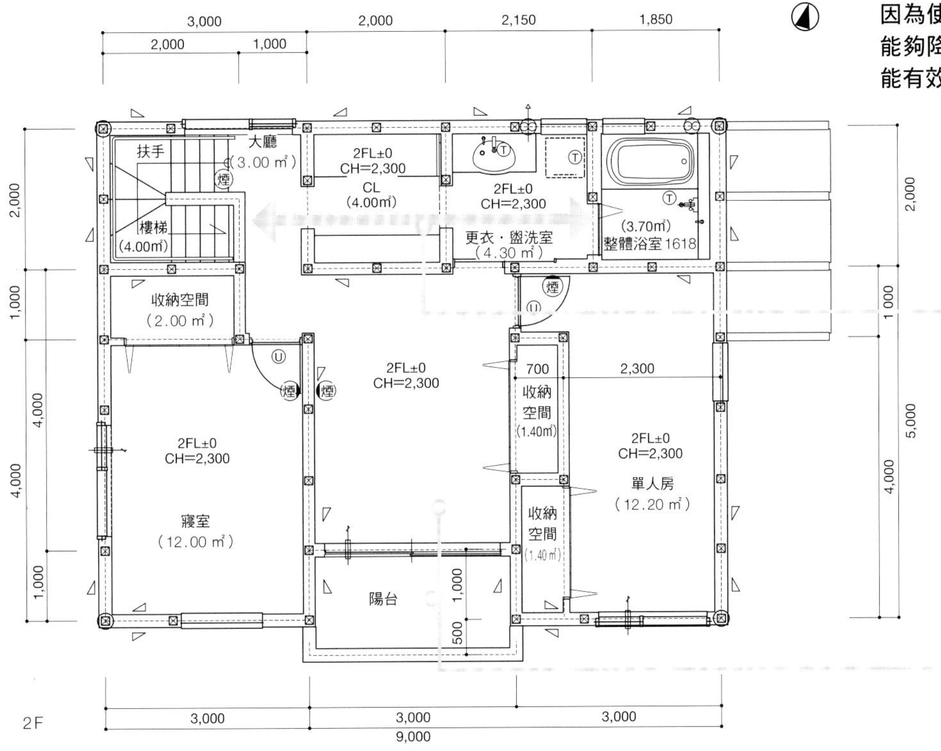

讓步入式衣櫥與盥洗更衣室相鄰，以提昇便利性。

休閒室的定位相當於第二個客廳。2樓也不設置走廊。

（※註：直下率指的是，「2樓的牆壁、柱子」與「1樓的牆壁、柱子」的位置吻合率）

 攝影：石井紀久

＼ 這點很有特色 ／

透過差層式結構來實現的豐富收納空間與3個大空間

1480 萬日圓

35 坪

profiling:05 大阪瓦斯住宅設備

carugo

雖然建築面積很小，不過我們能夠藉由「採用差層式結構等，並在縱向的設計方案上下工夫」來確保很大的收納空間與3個寬敞的起居室。

carugo的基本規格

〔結構・面積〕
結構：木造框組工法
建築面積：51.61㎡（18.03坪）
總建築面積：113.44 ㎡（34.31坪）
建築物高度：8.354m

〔設備〕
廚房：Takara standard
浴室：整體浴室（INAX）
其他設備：瓦斯型熱水地板、瓦斯型浴室暖風乾燥機（kawakku系列）

〔裝潢〕
地板：複合式地板（起居室）・樹脂磚（飯廳兼廚房）・磁磚（玄關）
牆壁：塑膠壁紙
天花板：塑膠壁紙
樓梯：組合式樓梯
窗戶：鋁製窗框＋雙層玻璃
屋頂：裝飾板岩
外牆：壁板

〔性能〕
屋頂隔熱：硬質氨基甲酸乙酯發泡板（現場發泡）120mm厚
外牆隔熱：岩棉90mm厚
Q值：不明（C值＝0.2）
地板隔熱：擠壓成型聚苯乙烯發泡板50mm厚
節能標準等：無特別之處
防火性能：中央部會所規定的防火規格

雖然隔熱性能等很普通，但其裝潢建材與設備的規格與同公司的hacore相同，而且顯然比同樣價格範圍的住宅高出許多。

收納空間

在閣樓與地板下方設置很大的收納空間

只要使用梯子，就能進入閣樓與地板下方的巨大收納空間。

2樓地板下方的收納空間

在上面這張照片中，窗戶是通往玄關的，我們可以從該處取放物品。

閣樓的收納空間

使用設置在牆壁縫隙中的梯子來進出閣樓的收納空間。另外，此處也有較小的收納空間。（右下方照片）

內部
裝潢

在有限的空間中確保3個大空間

藉由「在1樓・2樓・2樓上方舖設地板」來成功地確保3個大空間

2樓的開放式飯廳兼廚房

設置在住宅中央的飯廳兼廚房。與hacore相同，地板採用白色樹脂磚，以呈現出乾淨明亮的空間。也可以在側面的窗外增設陽台。

2樓上方的起居室空間

雖然屋簷邊緣附近的天花板較低，不過由於屋頂很高，牆上也有窗戶，所以不會產生壓迫感。

1樓的明亮客廳

光線會從大開口部位與挑高空間照進來，使1樓的客廳變得非常明亮。

平面圖（S＝1：200）

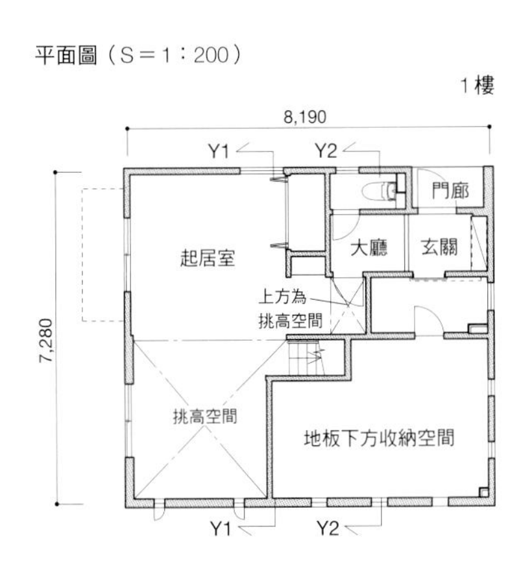

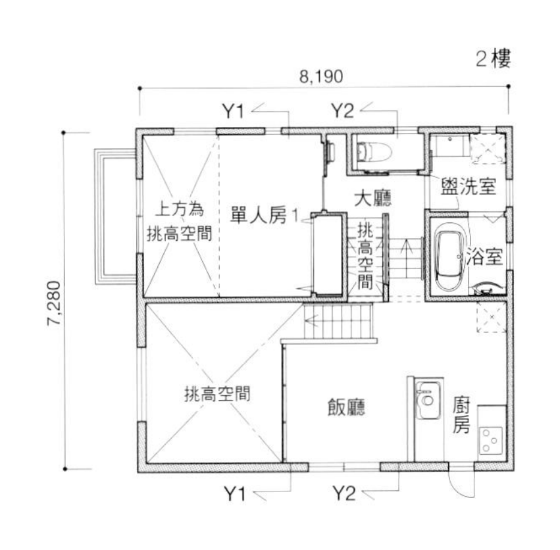

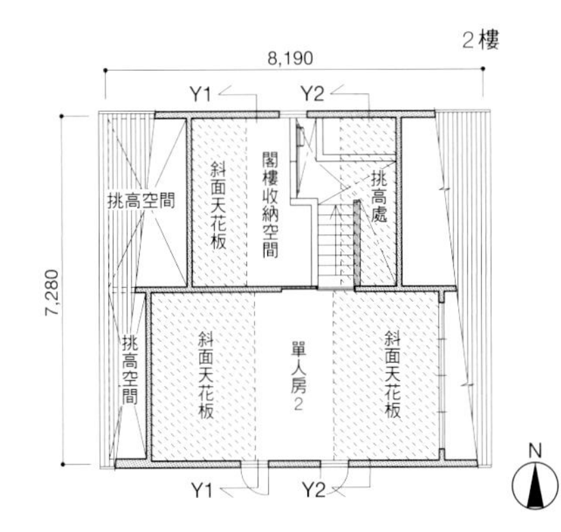

平面圖（S＝1：200）

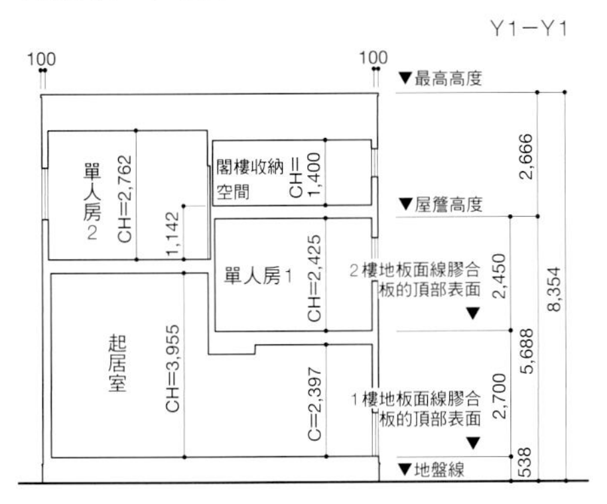

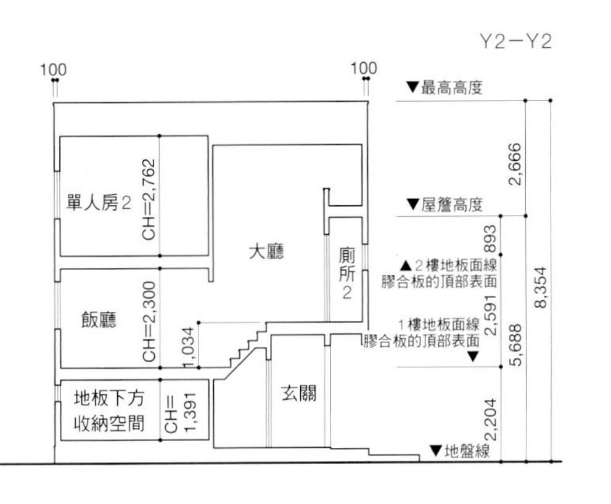

carugo的外觀

由於設計方案已經決定了，所以小窗戶位置的設計也會給人很深刻的印象。

＼ 這點很有特色 ／

在完全固定的設計方案中，透過家具來打造個性化「空間」。

1500 萬日圓

29 坪

profiling:06 大阪瓦斯住宅設備

Mini PROT（ART HOME）

這種以「單一方案・均一價」來經營的標準化住宅很少見。
可以透過「很高的基本性能、很有整體性的外觀設計、原創家具」來創造出個性化空間。

Mini PROT的基本規格

〔結構・面積〕
結構：木造軸組工法
建築面積：52.99㎡（16坪）
總建築面積：96.05～132.06 ㎡（29～40坪）
建築物高度：5.954m

〔設備〕
廚房：OFELIA（Takara standard）
浴室：Panasonic Eco Solutions AWE
其他設備：熱水式面板型電暖爐

〔裝潢〕
地板（起居室）：純木地板（一部分為軟墊地板）、氨基甲酸乙酯塗料
地板（玄關）：磁磚
天花板：塑膠壁紙
牆壁：塑膠壁紙
樓梯：四分松（quarter pine）（木工工法）
屋頂：鍍鋁鋅鋼板
外牆：鍍鋁鋅鋼板＋石材風格噴塗工法
門窗隔扇：ATELIA（NODA）

〔性能〕
窗戶：樹脂窗框＋含有氬氣的低輻射雙層玻璃
屋頂隔熱：酚醛樹脂發泡板66㎜厚
外牆隔熱：酚醛樹脂發泡板50㎜厚
Q值：1.51～1.38
地基隔熱：擠壓成型聚苯乙烯發泡板第3型70㎜厚
節能標準：等級4
耐震等級：等級2

內外裝修等的規格很傳統。透過設計來使其個性化。

29坪型住宅的正視圖（S＝1：150）

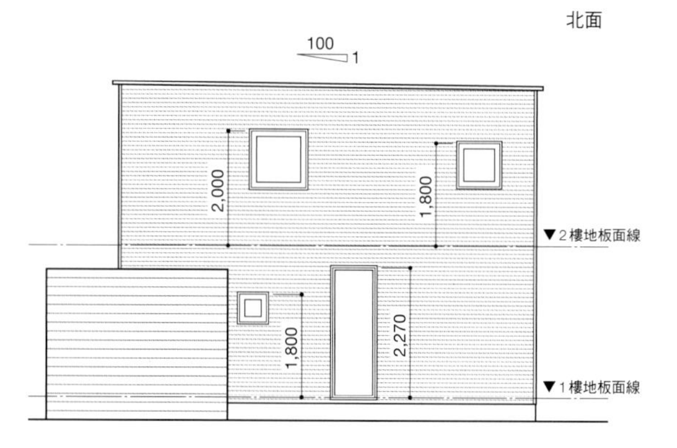

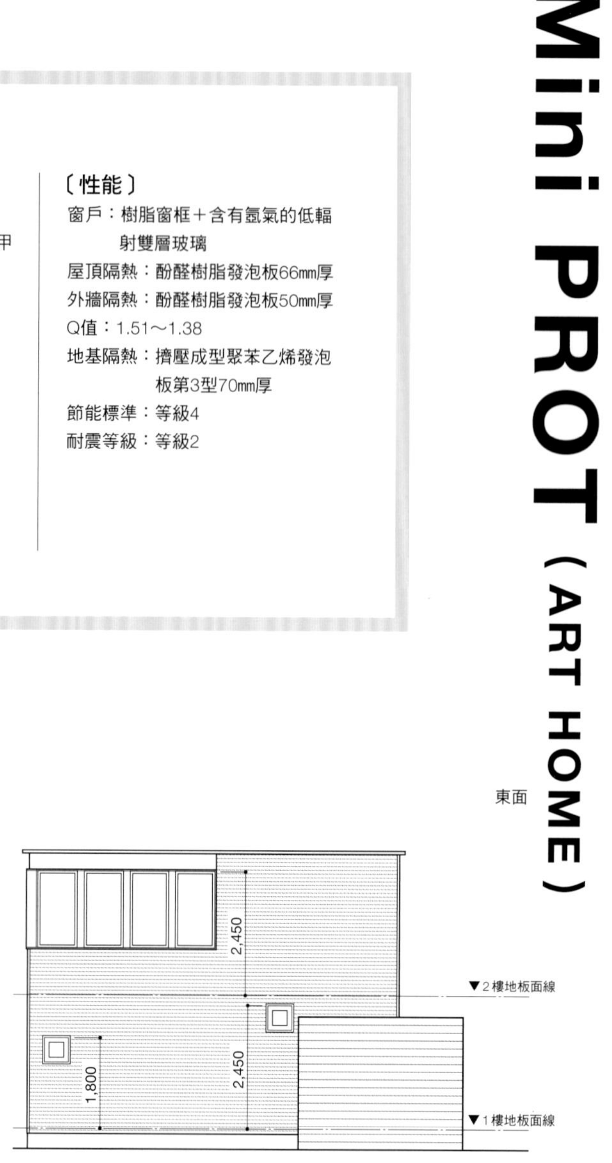

南面
1
100
2,000
2,450
1,570
2,270
▼2樓地板面線
▼1樓地板面線

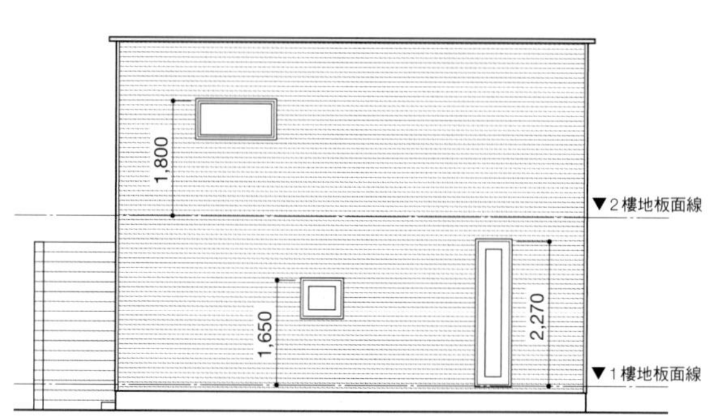

LDK

以暗色調等為基調的室內裝潢

以深褐色的地板木材為基調，廚房與家具也會透過暗色調的室內裝潢來整合。

呈現明顯差異的空間配置

把1樓天花板高度控制在2224㎜，使其和「客廳與樓梯的挑高空間」產生明顯差異。

塗成深褐色的地板木材

地板木材會以「用歐斯蒙彩色塗料塗成深褐色的歐洲雲杉」為標準。另外，也有櫟木等規格可供選擇。

把深色調當作基調的室內裝潢

由於塗成深褐色的純歐洲雲杉木是室內裝潢的基礎，所以收納用品、廚房系統櫃、照明、百葉窗等都會採用相同的色調來當作基調。在家具方面，由於該公司的原創產品很豐富，而且有很多與這種色調的空間很搭的家具，所以許多客人都會同時購買家具（這點跟「在挑選現成家具時，很少能找到適合這種色調的產品」也有關）。

設計性很高的標準配備

在選擇「玄關收納櫃等各類原創收納櫃、洗手台、熱水式面板型電暖爐」等標準配備時，我們會採用設計性很高的產品。

Mini PROT外觀

以高側窗為主的窗戶配置能使房屋外觀呈現出清爽的印象。

29坪型住宅的平面圖（S＝1：150）

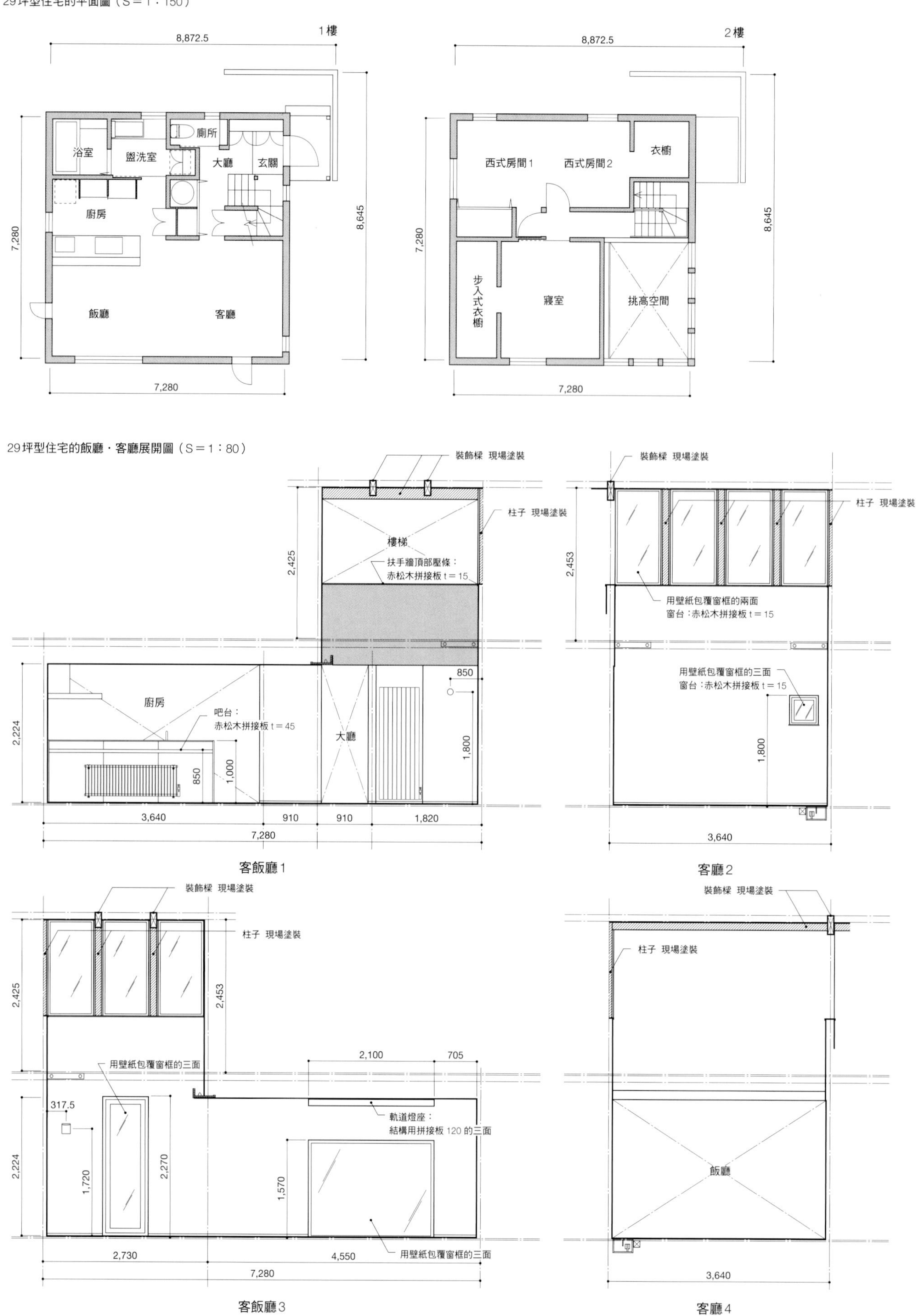

＼ 這點很有特色 ／

在有限預算內，透過使用許多天然素材來打造現代日式風格

1600 萬日圓

35 坪

素之家

profiling:07 菅沼建築設計

不會要求木匠等人需具備特別的本事。我們所追求的是，以平均水準的工匠技能為前提，能夠一邊確保性能，一邊打造出美觀外表的高效率施工方式。重點在於天然素材與木工部分的處理。

素之家的基本規格

〔結構・面積〕
結構：木造軸組工法
建築面積：58.0㎡（17.5坪）
總建築面積：116.0㎡（35坪）
建築物高度：約7m

〔設備〕
廚房：TOTO（LK）・IKEA等
整體浴室：TOTO（sazana）・也可採用「半套式浴室（註：只由高度比浴缸低的設備所組成）」

其他設備（選購）：
EcoCute・煤油熱水器・強制供排氣式煤油暖氣機・儲熱式電暖器

〔裝潢〕
地板：杉木15mm厚
天花板：丙烯酸乳膠漆・灰漿・壁紙
牆壁：杉木・壁紙
樓梯：橡膠拼接板（木工工法）
屋頂：無軸木瓦棒型鍍鋁鋅屋頂鋼板
外牆：杉木・鍍鋁鋅鋼板・壁板

〔性能〕
窗戶：鋁材樹脂複合型窗框＋低輻射雙層玻璃
屋頂隔熱：高性能玻璃棉100～200mm厚
外牆隔熱：高性能玻璃棉100mm厚
地基隔熱：擠壓成型聚苯乙烯發泡板第3型50mm厚
Q值：約為2.0～2.5
節能標準：等級4以上
耐震等級・防火等級：適當等級

在木材的使用方面，我們擁有豐富的經驗，對自己很有自信。從內外裝修到木工部分，都會使用很多木材。

剖面詳圖（S＝1：80）

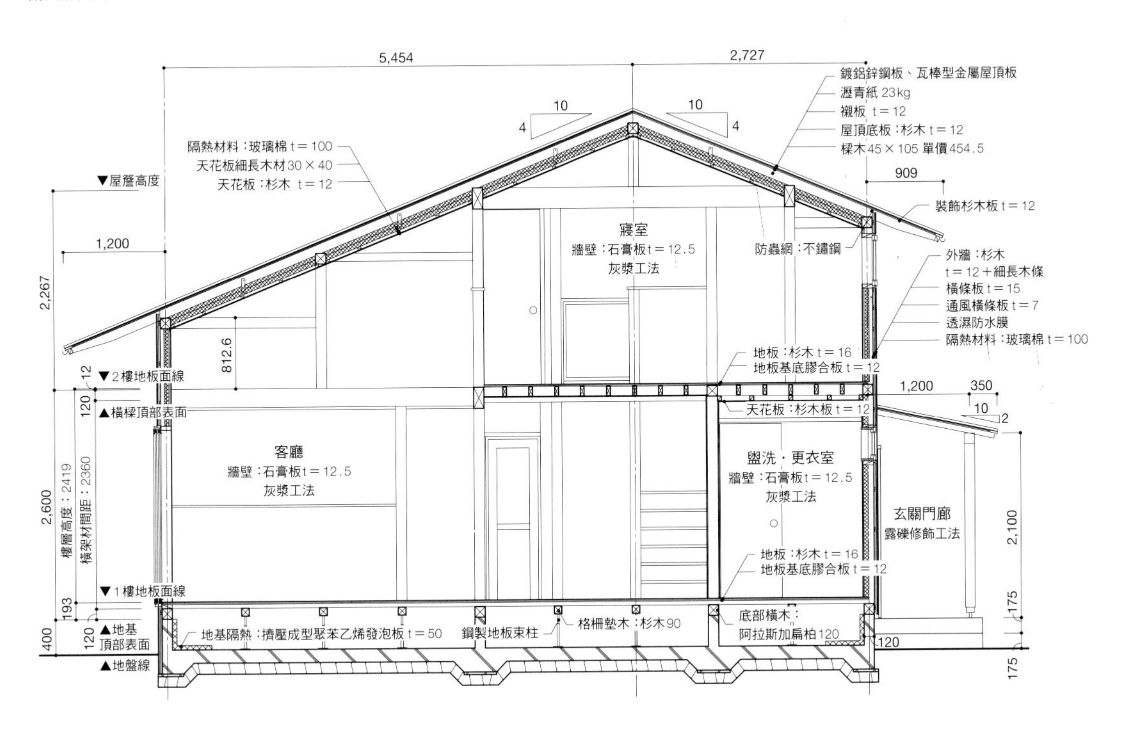

用水處 LDK

透過簡單的木工裝潢來為結構外露的空間增添變化

透過一般的組合方式來讓中等木材外露，
不需增加成本就能在剖面結構與內部裝潢方面增添變化

由木造裝潢
＋不鏽鋼檯面所組成的廚房

用木芯膠合板來製作工作台（櫃台），並用不鏽鋼製的頂板將其覆蓋，就能打造出簡單又便宜的木造廚房。把現有的收納櫃與設備裝進下方。

真壁型牆壁．結構外露的空間

LDK採用的是配備了吧台式廚房的一室格局設計。藉由採用真壁型牆壁來讓簡單的結構直接外露，就能為箱型空間增添變化。

透過木造裝潢來為洗手台增添變化

如果洗手台的設計很簡約的話，即使採用原創製作，也不會很昂貴。由於洗手台與水龍頭很容易呈現出特色，所以會依照屋主的想法來挑選產品。

在門窗隔扇方面，也可活用市售成品

要盡量減少「採用訂製的話，就會變得很貴」的門窗隔扇的數量，並利用不會讓人覺得討厭的市售成品。上方照片中的拉門是鐵杉木製的市售成品。不過，在重要的部分，我們會像右方照片那樣，使用門窗隔扇專家所製作的產品。

能減少隔間牆・門窗隔扇數量的設計方案

把LDK視為一室格局，透過家具等來使隔間降到最低限度。藉由這種設計方案，就能減少隔間牆與門窗隔扇，並降低成本。

2樓平面圖（S＝1：120）

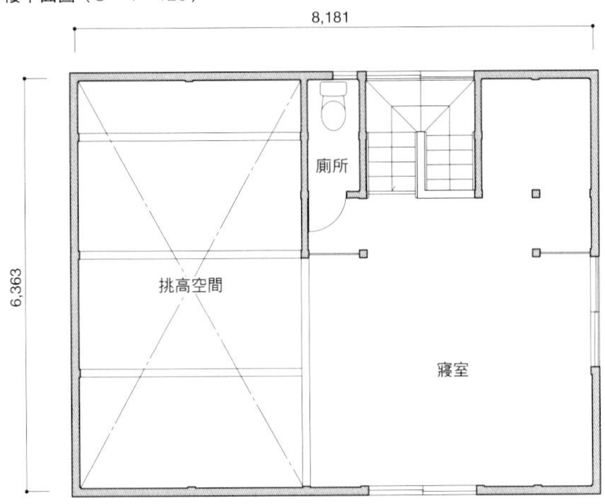

1樓平面圖（S＝1：120）

便宜的要點　追求合理的骨架結構，使其兼具經濟效益與耐震度

透過剛架結構來算出建築物的大小，並同時透過結構計算來使住宅兼具挑高空間與有效的承重牆，使耐震等級能夠達到3。

2樓結構圖（S＝1：120）

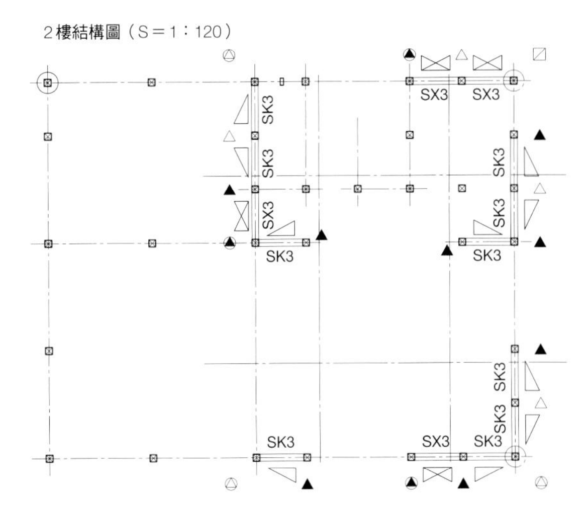

1樓結構圖（S＝1：120）

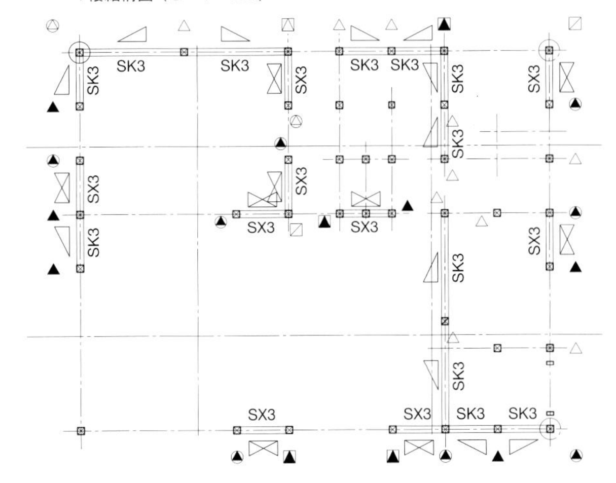

受歡迎的要點　容易呈現出個性的粗獷風格空間

在寬敞的一室格局空間中，只要使用杉木等廉價的天然素材來包覆空間，就能打造出穩定地受到首購族喜愛的「粗獷風格空間」。藉由不要講究樹種與目視等級，就能用較低的預算來提昇質感。

許多年輕業主會給予「孩子可以跑來跑去」這樣的評價。

受歡迎的要點　休閒的現代日式風格

採用剛架結構與容易施工的屋頂斜度。藉由平均水準的施工量，在可施工的範圍內，多留意細部的結構工法與裝潢，以維持平衡的風格，使風格不會過於「普通」，也不會過於「尖銳」。

以中等木材為主，所以風格不會偏向和風，而是會呈現出休閒風格。時下的廉價家具也會變得有模有樣。

＼ 這點很有特色 ／

完全訂製住宅的開端為「標準化」

1650 萬日圓

35 坪

profiling:08 flex 唐津

100之家

許多來到100之家的業主最後都採用了訂製住宅。
我們透過「把規格方案放在首位，並明確標示價格」這種作法來降低攬客的難度，而且能夠在短時間內把規格與業主的需求整理好。

100之家的基本規格

〔結構・面積〕
結構：木造軸組工法
建築面積：57.96㎡（17.5坪）
總建築面積：115.9 ㎡（35坪）
建築物高度：約6.9m

〔設備〕
廚房：YAMAHA寬度2400㎜
浴室：YAMAHA 1坪型
洗手台：YAMAHA
廁所：TOTO（Washlet）

〔裝潢〕
地板：檜木或杉木（起居室・用水處）、磁磚（玄關）
牆壁：和紙
天花板：和紙
樓梯：拼接板
屋頂：鍍鋁鋅鋼板
外牆：壁板16㎜厚

〔性能〕
窗戶：鋁材樹脂複合型窗框＋雙層玻璃
屋頂隔熱：硬質氨基甲酸乙酯發泡板（現場發泡）80㎜厚
外牆隔熱：硬質氨基甲酸乙酯發泡板（現場發泡）50㎜厚
地板隔熱：膨脹聚苯乙烯發泡板 80㎜厚
Q值：沒有計算
節能標準等：性能標示等級4
防火性能：無特別之處

由於公司的本業是木材店（建材店），所以能以較低的價格使用大量木材。

受歡迎的要點　原創的估算系統

我們在網站上放了一個「只要選擇性能與規格，就會自動計算出價格的系統」。在開事前會議時，可以一邊透過iPad來使用網站上的系統，一邊確認規格與總預算。我們採用了電腦公司估價系統的觀點。

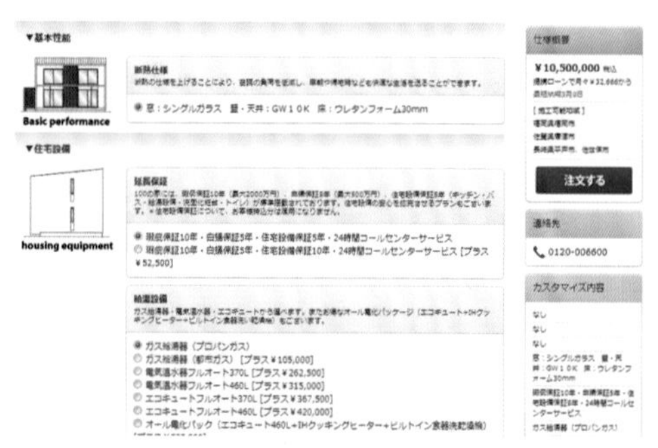

在此系統中，只要選擇性能與規格等，就會顯示出價格。為了在被拿來與其他公司比較時，也能保持優勢，所以我們會事先寫上真正的價格。

便宜的要點　透過標準化來有效縮短事前會議的時間

首先，在標準化住宅的案例中，第一步就是開事前會議，所以即使業主在途中變更成訂製住宅，我們也能在短時間內彙整方案。

洽詢窗口　透過網路

許多人都是透過網路或展示會等方式得知100之家後，才來進行洽詢。由於我們降低了底價，並公開了規格與價格，所以業主能夠帶著「總之先確認看看吧」這種心情來洽詢。

▼

事前會議的次數　約3次

開完首次事前會議後，我們會以設計方案費5萬日圓的價格來製作設計方案，然後再次進行事前會議。接著，業主大多會根據修改過的設計方案來跟我們簽約。我們的經營風格為，不追逐業主，而是等待業主向我們洽詢。

▼

施工期間　2～3個月

有時也會遇到「住宅較小，連細部規格也要修正」的情況，施工期約需3個月。施工現場的合理化是我們今後要研究的課題。

LDK

一邊把和室融入，一邊呈現出休閒氣氛

業主對於榻榻米房間的需求是根深蒂固的。
我們會透過「更改過內側距離、尺寸等的現代式結構工法」來處理這一點。

看起來不像市售成品的室內門窗隔扇

門窗隔扇的規格為，高度2400㎜，緊鄰天花板的Panasonic製門窗隔扇。藉由「把天花板降低約20㎜，使金屬掛鉤完全嵌入天花板內」來使其看起來有如訂製產品。

透過相同的天花板高度來連接客廳與和室

和室的天花板高度也是2400㎜，與客廳對齊。

沒有柱間橫木的和室

由於在許多案件中，業主雙親的意見很有影響力，所以和室（有榻榻米的房間）的需求很高。只要讓天花板與客廳對齊，並省略柱間橫木的話，就能打造出年輕世代也會喜歡的清爽風格和室。

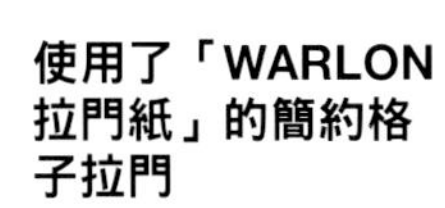

使用了「WARLON拉門紙」的簡約格子拉門

透過緊鄰天花板的格子拉門來將和室與客廳隔開。藉由不製作垂壁來打造出清爽的現代空間。藉由「把窗櫺加大，並使用WARLON拉門紙」來適度地呈現出現代風格。

結構材料外露的挑高天花板

在LDK內，讓橫樑外露，突顯素材質感，並同時增加天花板高度。橫樑底部高度約為2500㎜，很有開放感。在照明方面，以聚光燈為主。由於器具太大的話，會很掃興，所以我們建議使用含有「迷你氪氣燈泡尺寸的LED燈泡」的小型廉價產品。

由市售門扇成品與木工裝潢組成的收納空間

廚房的餐具櫃是由「含有經過氟化氫加工的玻璃的門扇成品」與木工裝潢所組成，可降低成本。在收納部分裝上「棚架支柱」，使架子變得能夠自由調整位置。

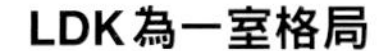

LDK為一室格局

廚房為吧台式廚房，而且吧台很長。

樣品屋剖面詳圖（S＝1：60）

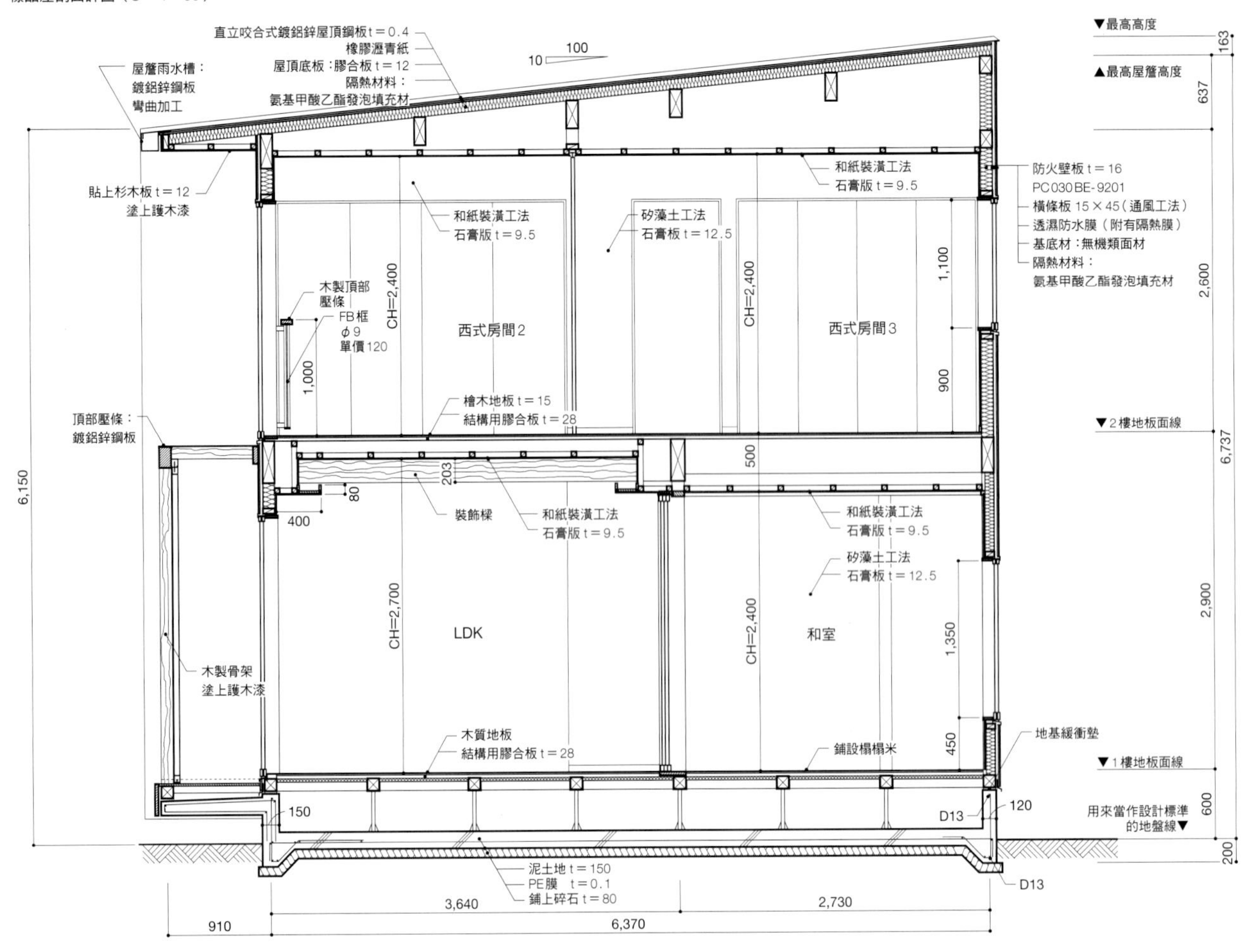

樣品屋平面圖（S＝1：200）

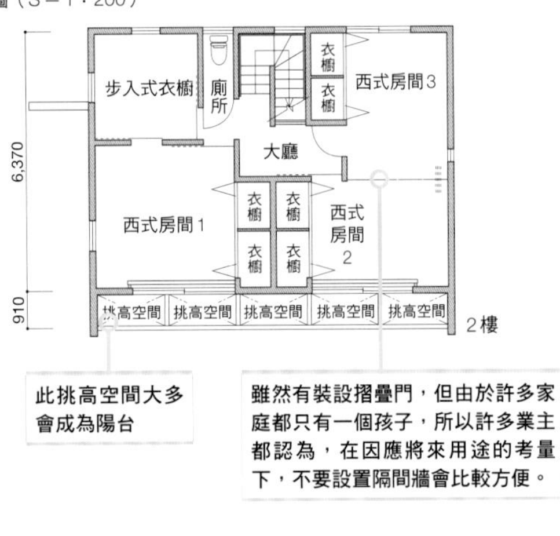

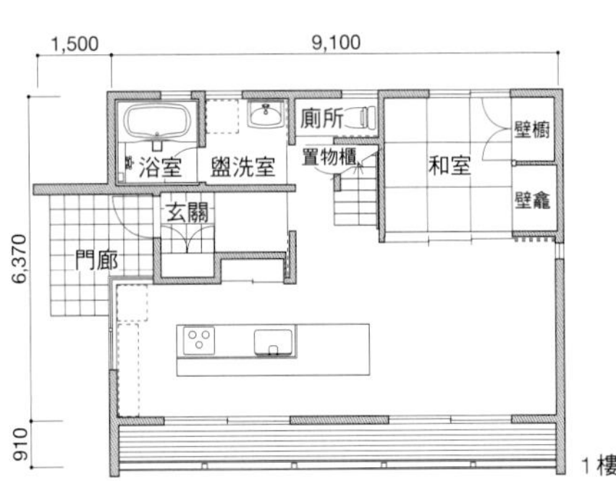

受歡迎的要點

使用大量木材

由於公司的根基是木材店（建材店），所以可以壓低建材與設備的價格。尤其是純木材，我們能夠在難以置信的價格範圍內，大量使用木材。雖然地板大多採用杉木，但也會使用柚木等。在建造樣品屋時，我們很重視公司所在地所生產的木材，所以使用了杉木。樓梯的踏板也是杉木。

採用純木材製成的地板與樓梯

地板木材大多採用純杉木。樓梯所採用的規格大多都是事先裁切好的杉木拼接板。

＼ 這點很有特色 ／

家具店所設計的「箱型太陽能空間」

1800 萬日圓

32 坪

此箱型標準化住宅的目標為SI工法（將骨架與裝修設備徹底分開的施工法）。
我們與人氣室內裝潢用品店kart合作，依照各個業主的需求來搭配家具與紡織品。

木造多米諾

profiling:09 相羽建設（設計：野澤正光建築工房）

素之家的基本規格

〔結構・面積〕
結構：木造軸組工法
建築面積：59.62㎡（18坪）
總建築面積：106 ㎡（32坪）
建築物高度：6.9324m

〔設備〕
廚房：木匠製作
浴室：TOTO半套式浴室＋鋪設日本花柏木板
其他設備：OM四重功能太陽能系統

〔標準裝潢〕
地板：赤松木
天花板：土佐和紙
牆壁：土佐和紙
樓梯：三層式杉木板（木工裝潢）
屋頂：鍍鋁鋅鋼板
外牆：鍍鋁鋅鋼板＋石材風格噴塗工法
門窗隔扇：椴木膠合板平面門

〔性能〕
窗戶：鋁製隔熱窗框＋低輻射雙層玻璃
屋頂隔熱：酚醛樹脂發泡板90㎜厚
外牆隔熱：高性能玻璃棉16K 105㎜厚
Q值：1.9
地基隔熱：酚醛樹脂發泡板90㎜厚
節能標準：等級4
耐震等級：等級3
防火性能：準防火規格

使用了很多以日產木材為首的天然素材。浴室也採用鋪設了板材的半套式浴室。

受歡迎的要點　日產木材與空氣集熱式太陽能系統

在結構材料與地板木材等方面，我們使用了很多日產木材，並打造出高質感的室內裝潢。雖然設計方案採用的是開放式空間，但我們會使用空氣集熱式太陽能系統來當作標準規格，一邊降低空調負荷，一邊實現溫度很均勻的室內環境。

受歡迎的要點　SI工法的實現

藉由「把承重牆聚集在周圍，在室內只讓一根支柱外露」這種獨特的工法來使骨架與裝潢設備徹底分開。由於必要時，可以增設隔間牆、門窗隔扇、收納空間等，所以能夠降低初期的建設費用。另外，在家具等室內裝潢方面，我們與人氣家具店kart合作，可以獲得關於裝潢設備的建議與具體提案。

平面圖（S＝1：150）

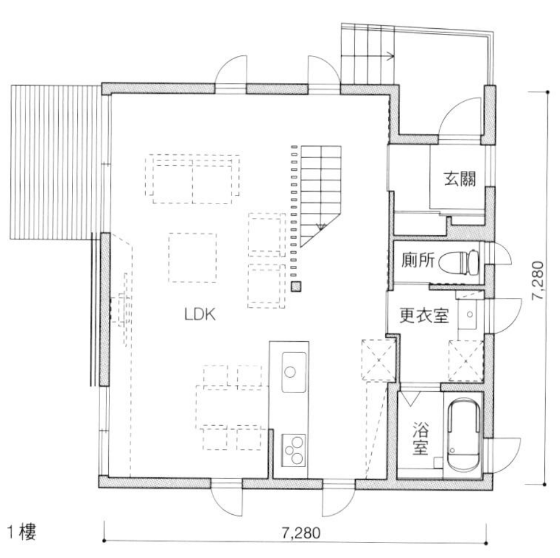

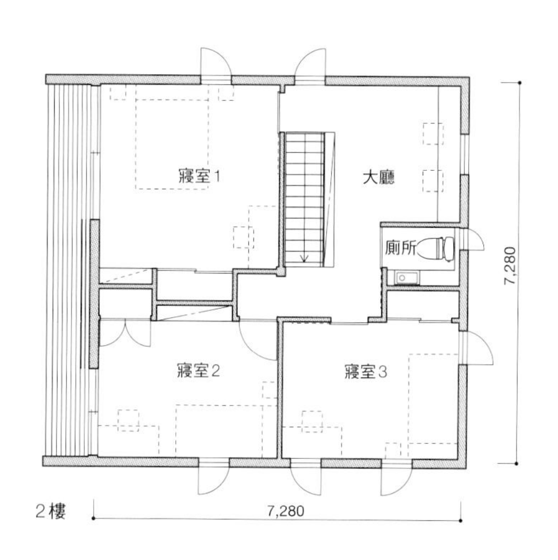

用水處 LDK

把擺放式家具與木工裝潢的結構材料嵌入骨架中

將木造的樓梯與收納櫃等製作成產品。人氣家具店kart也會參與設計。

大牆壁與清爽的天花板

除了南面以外，要把窗戶尺寸控制在最低必要限度，並設置大牆壁。由於牆壁會成為背景，所以能夠欣賞各種室內裝潢的外觀。另外，在照明方面，我們會先把軌道燈座裝在橫架材上，然後再把聚光燈裝到燈座上，以避免阻礙室內裝潢。

使木工裝潢產品化

樓梯與隔間櫃等主要的木工裝潢會採用標準化的設計，以讓木工裝潢變成能夠嵌入骨架中的產品。

之後再思考裝潢設備

由於內部是完整的骨架，所以我們會自然地選擇開放式的房間格局。一邊觀察完成後的箱型空間，一邊選擇隔間牆、陳設架、擺放式家具等物，以增添住戶的個性。照片中的空間是由與相羽建設合作的人氣家具店kart所設計的。

自由度很高的2樓

2樓的房間是個完全開放的空間，屋主可以依照家庭結構與人生階段來決定使用方式。孩子獨立後，也可將此處當成一個房間來使用。

也要重視用水處的木工裝潢

在浴室的裝潢方面，我們會在半套式浴室內貼上日本花柏木板。另外，在廚房內，我們會將「把不鏽鋼頂板裝在椴木芯膠合板製的箱型結構上所製成的簡單木工裝潢」當成標準設備。

既簡單又合理的骨架結構

為了透過低預算來實現SI工法，我們會在結構上下很多工夫

結構平面圖（S＝1：120）

2樓檩條

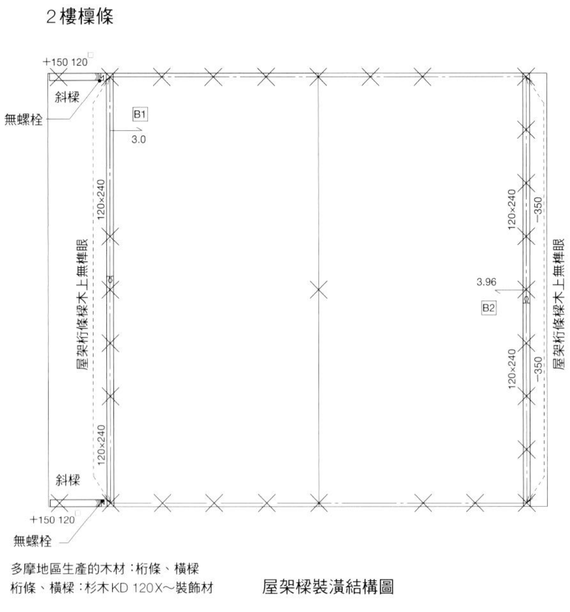

多摩地區生產的木材：桁條、橫樑
桁條、橫樑：杉木KD 120X～裝飾材

屋架樑裝潢結構圖

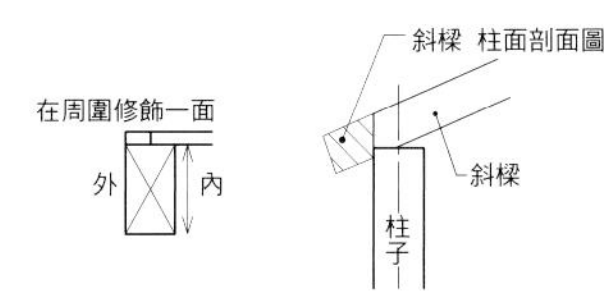

2樓屋架

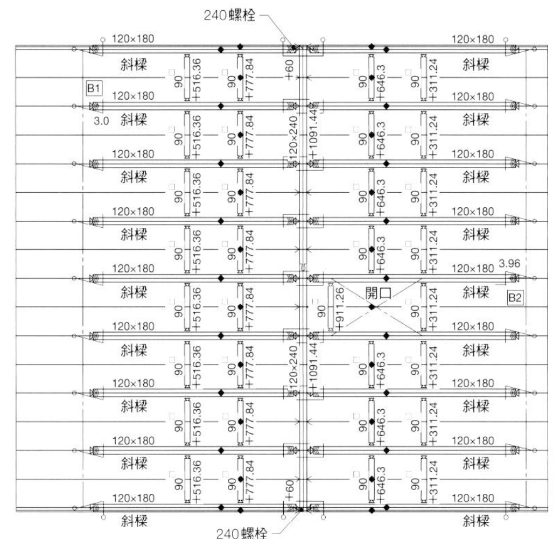

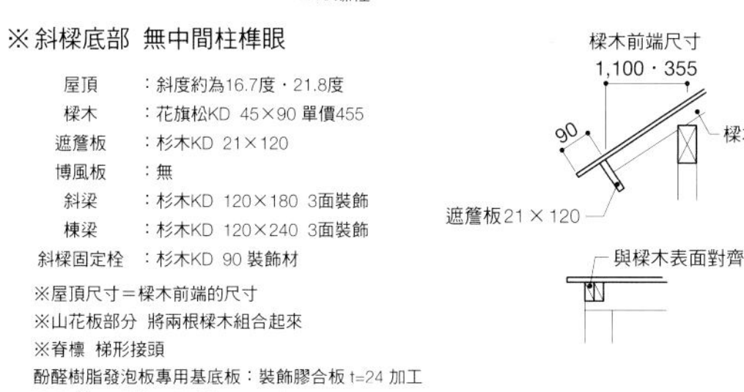

※斜樑底部 無中間柱榫眼

屋頂	：斜度約為16.7度・21.8度
椽木	：花旗松KD 45×90 單價455
遮簷板	：杉木KD 21×120
博風板	：無
斜梁	：杉木KD 120×180 3面裝飾
棟梁	：杉木KD 120×240 3面裝飾
斜樑固定栓	：杉木KD 90 裝飾材

※屋頂尺寸＝樑木前端的尺寸
※山花板部分 將兩根樑木組合起來
※脊檁 梯形接頭
酚醛樹脂發泡板專用基底板：裝飾膠合板 t=24 加工
屋頂底板：結構用膠合板 t=12 加工

2樓地板

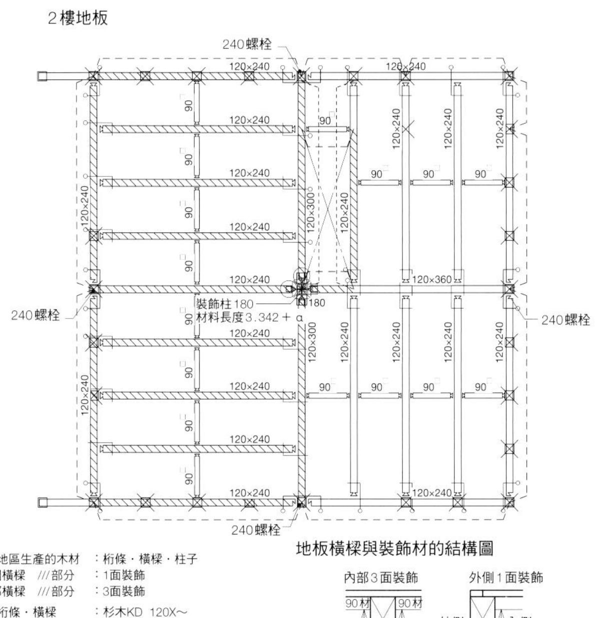

地板橫樑與裝飾材的結構圖

多摩地區生產的木材	：桁條・橫樑・柱子
外圍橫樑 ///部分	：1面裝飾
內部橫樑 ///部分	：3面裝飾
桁條・橫樑	：杉木KD 120X～
板材的襯板	：杉木KD 90
柱子	：杉木KD 120（無背面防裂細縫）
裝飾柱	：杉木KD 180（4面都有細縫）倒角3mm
2樓的中間柱	：杉木層積材 120×45・30（上下端有榫眼）
地板板材	：28mm×910×1820（空心）有加工
	內部開口：緩衝墊結構工法
HD螺栓（高強度螺栓）	：有孔的地方 HDB-15以上
螺栓	：支柱附近H360・橫樑・安裝2根
	※在現場安裝螺栓時，會採用避免螺栓外露的工法

※樓梯周圍：裝飾樑

底部橫木

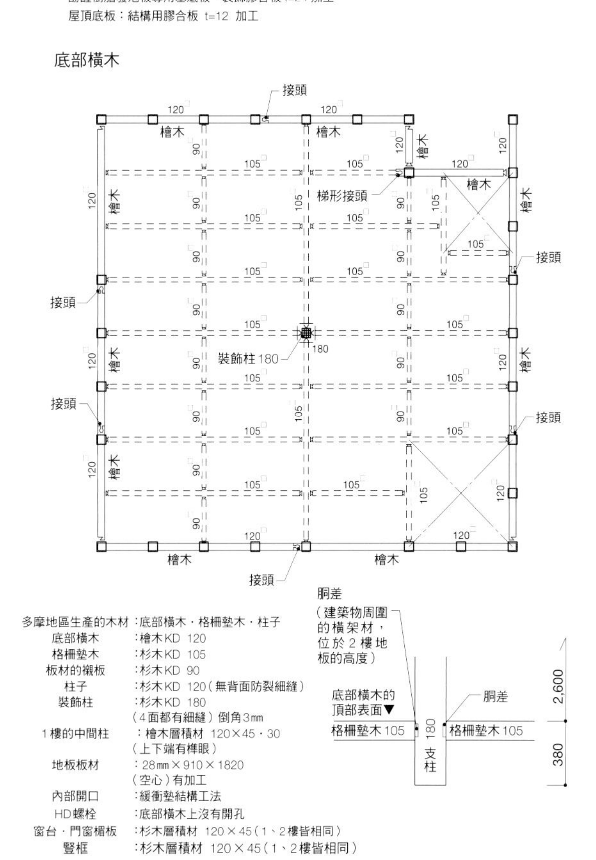

多摩地區生產的木材	：底部橫木・格柵墊木・柱子
底部橫木	：檜木KD 120
格柵墊木	：杉木KD 105
板材的襯板	：杉木KD 90
柱子	：杉木KD 120（無背面防裂細縫）
裝飾柱	：杉木KD 180（4面都有細縫）倒角3mm
1樓的中間柱	：檜木層積材 120×45・30（上下端有榫眼）
地板板材	：28mm×910×1820（空心）有加工
內部開口	：緩衝墊結構工法
HD螺栓	：底部橫木上沒有開孔
窗台・門窗楣板	：杉木層積材 120×45（1、2樓皆相同）
豎框	：杉木層積材 120×45（1、2樓皆相同）

＼ 這點很有特色 ／

徹底堅持採用環境負荷較低的材料

我們堅持採用比較不會對環境與人體造成負荷的材料，並在這些材料中，徹底選擇透過低預算就能實現的規格。

1800 萬日圓

24 坪

profiling:10 天然住宅

天然住宅

天然住宅的基本規格

〔結構・面積〕
結構：木造軸組工法
建築面積：12坪・15坪
總建築面積：24坪・30坪
建築物高度：約7m

〔設備〕
廚房：Takara standard（Edel W 2550）
整體浴室：Takara standard
洗手台：Takara standard（Ondine W750）
馬桶：TOTO（Purerest QR）

〔標準裝潢〕
地板：煙燻杉木15mm厚
天花板：和紙壁紙
牆壁：和紙壁紙
樓梯：木製（木工裝潢）
窗戶：鋁製窗框＋雙層玻璃
屋頂：鍍鋁鋅鋼板
外牆：鍍鋁鋅鋼板

〔性能〕
屋頂隔熱：羊毛隔熱材100mm厚
外牆隔熱：羊毛隔熱材100mm厚
Q值：不明
地板隔熱：羊毛隔熱材60mm厚
節能標準：相當於1992年的年度基準
耐震等級：等級2以上

透過純度很高的天然素材來整合規格。隔熱性能的基準大致上跟新節能基準一樣。

平面圖（24坪型・S＝1：150）

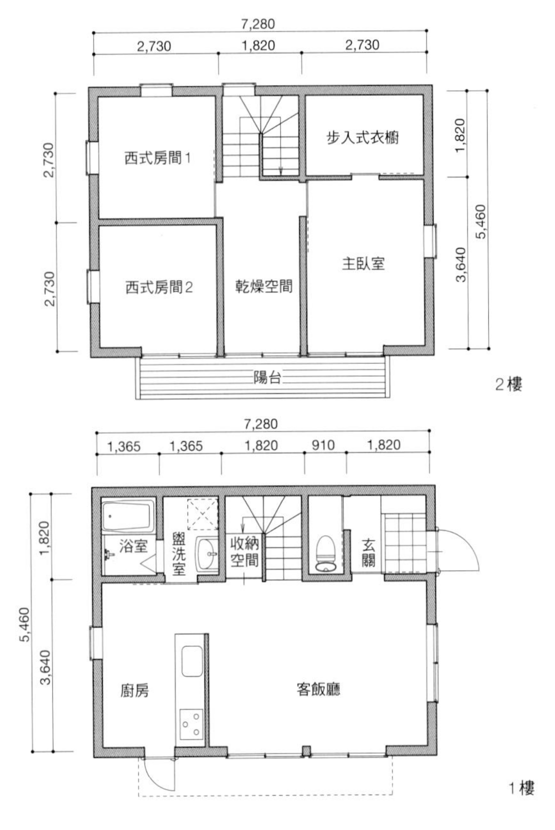

便宜的要點　減少事前會議的次數與縮短工期

雖然想要採用天然素材的業主在決定規格時會花費許多時間，不過由於我們會把規格數量縮小到數種嚴選規格，所以在短時間內就能進行到簽約階段。

洽詢窗口　透過網路

許多人會透過Web或展示會・學習會等得知standard-s系列。在進行事前會議前，有許多人會先反覆做功課。

▼

事前會議的次數　約3次

由於在學習會等會議中，許多人都能理解住宅的特徵，所以會議能夠順利進行。

▼

施工期間　約4個月

由於住宅規模較小，且格局容易施工，所以工程本身會進行得很順利。

LDK 大量使用純度很高的天然素材

在進行裝潢時，會透過很講究的工法來將嚴選出來的天然素材組合起來。

在天花板部分，會讓木板外露，或是採用和紙、壁紙、灰泥工法

天花板的規格會以牆壁為基準，採用紙製壁紙或灰漿之類的灰泥工法。

也很講究開關部分的素材

在插座面板與開關面板方面，避免使用樹脂製品，而是要使用金屬製品。在各房間內，會有一處附有接地線。另外，會在各房間內設置空調專用插座。

在地板木材方面，連乾燥方法也很講究

在地板木材方面，除了「透過耗能很低的煙燻乾燥法所製成的杉木材」以外，我們也會準備天然乾燥的杉木材與闊葉木等來提供業主選購。

在室內牆壁方面，除了壁紙以外，也可選擇木板與灰泥工法

在室內牆壁裝潢方面，標準規格是在紙漿中加入馬尼拉麻等植物纖維而製成的「舒適壁紙」。此外，還有白雲石灰泥塗料、使用貝灰製成的灰漿（貝殼灰漿）等灰泥工法的材料、板材、磁磚等豐富選擇。

窗戶的自由度很高

窗戶的標準規格是鋁製窗框＋雙層玻璃。窗戶的種類與尺寸可以變更。也能加裝防盜窗、百葉窗、防雨板等設備。

木製門窗隔扇是純木材製成的原創產品

當業主要求樸素的風格時，我們會在門窗隔扇的矽酸鈣板上貼上壁紙（不使用膠合板或木質板材）。

對於日產木材與專家技能的堅持

將所有煙燻乾燥過的日產木材用手工的方式裁切，並組合起來。不過，還是會使用金屬器具等，以確保耐震度能符合建築基準法。

堅持日產木材與手工加工法的結構

在結構中，我們採用栗駒木材公司所生產的低溫煙燻乾燥杉木材。基本上，不會事先裁切，而是會由木匠在木材上作記號，以手工的方式裁切。

用水處　玄關

由市售的搪瓷製產品與天然素材所構成

市售成品採用的是搪瓷製與陶瓷製的產品。對於管線也很講究。

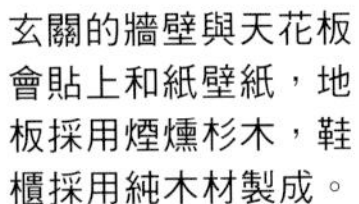

使用純木板來製作鞋櫃

玄關的牆壁與天花板會貼上和紙壁紙，地板採用煙燻杉木，鞋櫃採用純木材製成。也可以加裝吊櫃。

廚房為搪瓷製

廚房設備採用的是不含揮發性化學物質的搪瓷製產品。火爐前方的牆壁採用磁磚，地板與客廳一樣，都是煙燻杉木。收納櫃等嵌入式家具是選購配備。

洗手台也是搪瓷製

這座洗手台採用的是Takara standard公司的搪瓷製產品，此產品幾乎不含揮發性化學物質。裝潢與起居室相同，並會把腰壁板當成標準規格。

廁所採用附有洗手台的類型

廁所採用的是TOTO製的有水箱型一般馬桶。周圍的裝潢材料與起居室相同。另外，浴室內採用了搪瓷板與配備不銹鋼浴缸的整體浴室。

受歡迎的要點

連細部都堅持採用低環境負荷的材料

連「基底材等被其他材料覆蓋後，就看不見的部分」也會堅持採用所謂的生態材料。

不使用膠合板，而是使用「森林發展者板材※」

活用這種不需使用接著劑，只需透過竹籤來固定的板材。
（※註：使用殘餘木材與間伐材製成的板材）

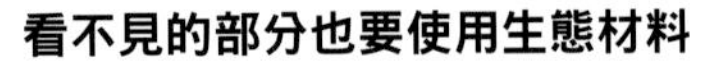

看不見的部分也要使用生態材料

在隔熱材料與電線等方面，我們也會堅持採用天然素材與非聚氯乙烯類的耐熱性聚乙烯纜線等不會對環境造成負荷的材料。

＼ 這點很有特色 ／

透過數值來產生說服力的零耗能住宅

2400 萬日圓

30 坪

profiling:11 TOKAI

ZeroEst

此住宅除了獲得了「CASBEE（建築環境綜合性能評價系統）」的最高等級S級與「住宅節能標籤」中的藍標，還在「住宅耗能模擬」等測試中呈現出很有說服力的環保性能與節能性。

ZeroEst的基本規格

〔結構・面積〕
結構：木造軸組工法
建築面積：68.19㎡（20.62坪）
總建築面積：112.85㎡（34.13坪）
建築物高度：8.775m

〔設備〕
廚房：Bb（YAMAHA Livingtec）
浴室：sazana（TOTO）
其他設備：太陽能發電設備（太陽能熱水器合併型）、電動車專用室外充電插座、Ecojozu節能熱水器

〔標準裝潢〕
地板：檜木（起居室）・聚氯乙烯地板（用水處）・磁磚（玄關）
牆壁：塑膠壁紙
天花板：塑膠壁紙
樓梯：組合式樓梯
屋頂：裝飾板岩
外牆：壁板

〔性能〕
窗戶：鋁材樹脂複合型隔熱窗框＋雙層玻璃
屋頂隔熱：硬質氨基甲酸乙酯發泡板（現場發泡）80mm厚
外牆隔熱：硬質氨基甲酸乙酯發泡板（現場發泡）75mm厚
地板隔熱：擠壓成型聚苯乙烯發泡板第3型65mm厚
Q值：2.48
節能標準等：無特別之處
防火性能：無特別之處

不愧是大型液化石油氣公司的住宅部門，能源類的設備很豐富。「採用檜木地板」這一點也很有特色。

受歡迎的要點　透過太陽能發電＋太陽能熱水器來實現的零耗能住宅

雖然Q值很普通，但我們只要將太陽能發電與太陽能熱水器結合起來，就能實現零耗能。

ZeroEst的零耗能觀點（圖1）

消耗的能源（GJ：千兆焦耳）

暖氣	冷氣	照明	通風	熱水供應	家電	烹調	合計
10.8	3.6	9.2	1.4	9.0	13.5	3.5	51.0

透過太陽能熱水器來減少供應熱水時所消耗的能源

製造的能源

太陽能發電
52.7

消耗的能源　製造的能源

51.0GJ－52.7GJ＝－1.7GJ

實現零耗能

設置在屋頂的太陽能板

設置長州產業公司製造的太陽能板

※計算ZeroEst No.3設計方案的耗能。在計算耗能時，TOKAI公司會獨自針對「自立循環型住宅的設計方針」中被視為評價對象的能源用途進行計算。

受歡迎的要點　有效地活用地區特性來設置窗戶，以產生通風作用

在設計窗戶的位置時，會活用東海地區的特性，讓涼風在夏天夜晚從北側吹過來。

設置在北側收納櫃下方的地窗

設置吊櫃與用來通風的地窗。

在挑高空間的上方設置高側窗

為了排出室內熱氣，所設置可自由開關的高側窗。

在榻榻米區也要設置地窗

也要在位於LDK深處的榻榻米區設置地窗。

LDK 由「以白色為基調的空間」與檜木地板所構成的現代自然風格

藉由徹底挑選白色建材來實現明亮的現代風格空間。

位於LDK深處的榻榻米區與多功能桌

這些與廚房相鄰的空間能夠用於做家事等多種用途。

明亮的自然風格LDK

從客廳這邊觀看飯廳兼廚房。有節疤的檜木與「以白色為基調的簡約空間」很搭。

具有收納功能的玄關空間

在玄關大廳的牆壁內設置很大的收納空間。依照設計方案，也可設置鞋櫃。

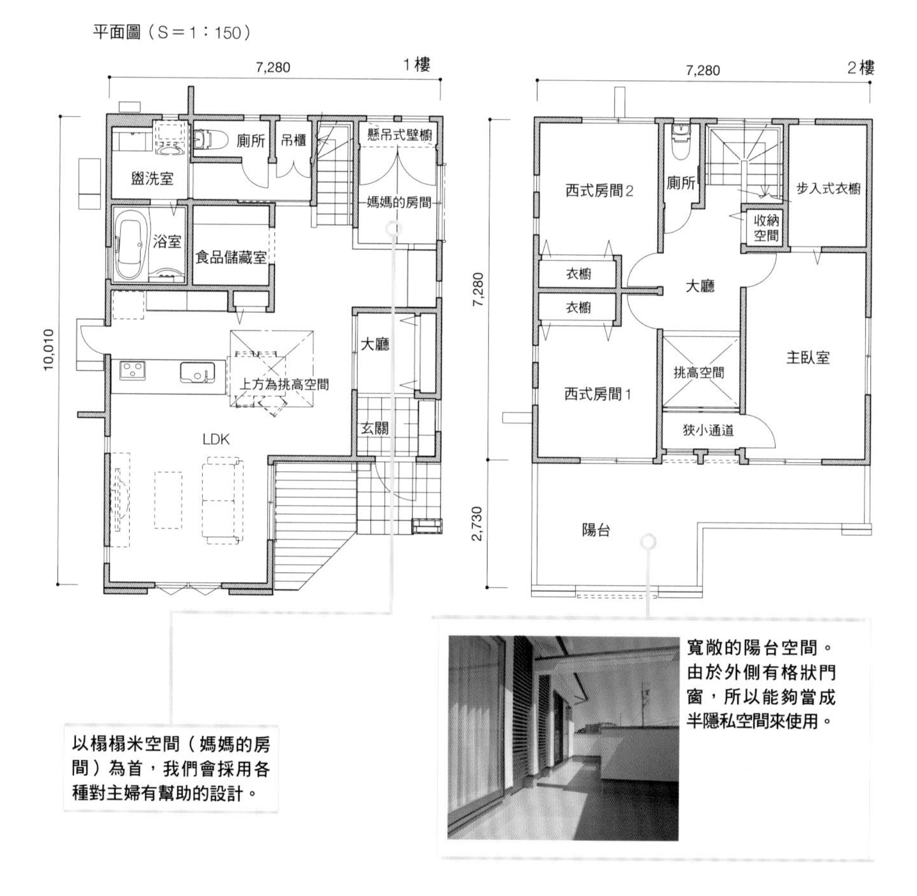

以榻榻米空間（媽媽的房間）為首，我們會採用各種對主婦有幫助的設計。

寬敞的陽台空間。由於外側有格狀門窗，所以能夠當成半隱私空間來使用。

剖面詳圖（S＝1：30）

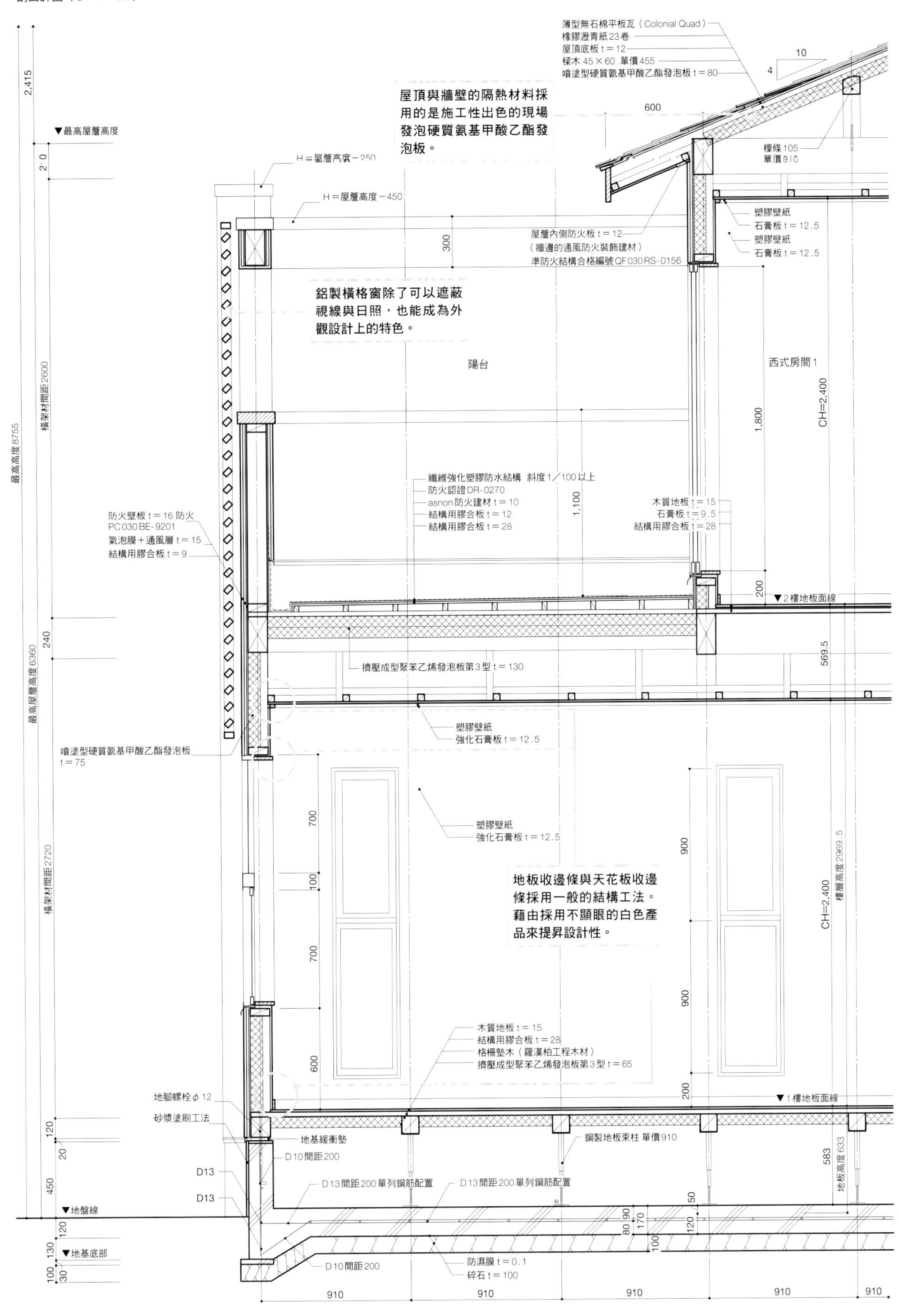

薄型無石棉平板瓦（Colonial Quad）
橡膠瀝青紙23卷
屋頂底板 t＝12
椽木 45×60 單價455
噴塗型硬質氨基甲酸乙酯發泡板 t＝80
屋頂與牆壁的隔熱材料採用的是施工性出色的現場發泡硬質氨基甲酸乙酯發泡板。
▼最高屋簷高度
H＝屋簷高度－250
H＝屋簷高度－450
檁條105
單價910
塑膠壁紙
石膏板 t＝12.5
塑膠壁紙
石膏板 t＝12.5
屋簷內側防火板 t＝12
（牆邊的通風防火裝飾建材）
準防火結構合格編號QF030RS-0156
鋁製橫格窗除了可以遮蔽視線與日照，也能成為外觀設計上的特色。
陽台
西式房間1
CH=2,400
纖維強化塑膠防水結構 斜度1／100以上
防火認證DR-0270
asnon防火建材 t＝10
結構用膠合板 t＝12
結構用膠合板 t＝28
木質地板 t＝15
石膏板 t＝9.5
結構用膠合板 t＝28
防火壁板 t＝16 防火 PC030BE-9201
氣泡膜＋通風層 t＝15
結構用膠合板 t＝9
▼2樓地板面線
擠壓成型聚苯乙烯發泡板第3型 t＝130
塑膠壁紙
強化石膏板 t＝12.5
噴塗型硬質氨基甲酸乙酯發泡板 t＝75
塑膠壁紙
強化石膏板 t＝12.5
地板收邊條與天花板收邊條採用一般的結構工法。藉由採用不顯眼的白色產品來提昇設計性。
最高高度8755
橫架材間距2600
最高屋簷高度6360
橫架材間距2720
樓層高度2969.5
地板高度633
木質地板 t＝15
結構用膠合板 t＝28
格柵墊木（羅漢柏工程木材）
擠壓成型聚苯乙烯發泡板第3型 t＝65
地腳螺栓 φ12
砂漿塗刷工法
▼1樓地板面線
地基緩衝墊
D10間距200
鋼製地板束柱 單價910
D13
D13
D13間距200單列鋼筋配置
D13間距200單列鋼筋配置
▼地盤線
▼地基底部
D10間距200
防濕膜 t＝0.1
碎石 t＝100
910
910
910
910
910

透過「積少成多」來取得優勢

菅沼流成本節約術18條

能夠大幅降低成本的方法是不存在的。
想要降低成本的話，就要透過積少成多來實現。
關於這種「聚沙成塔式」的成本節約術，
我們會介紹菅沼建築設計公司的部分努力成果。

成本降低效果的標準
★★★（10萬日圓以上）★★（5～10萬日圓）★（不滿5萬日圓）
註：由於成本降低的金額會依照比較對象而改變，所以始終只能當做參考。

關於設計的13條

1 把平面設計成四方型 ★★★

為了透過剛架結構（以4m建材為基準）來組成木造軸組結構，所以我們在決定建築物的外部尺寸後，會將其整合成四方型。整理房間格局（住宅的功能），並將其塞進這個四方型空間中。藉由「讓木造軸組結構變得單純」來降低木材體積，並同時降低「外牆周長：建築面積」的比值。

2 把屋頂設計成簡單的形狀 ★★★

藉由讓屋頂形狀變得簡單，就能減輕施工者的負擔。這樣做同時也有助於減少漏雨的風險。若建築計畫中的屋頂斜度在26.57度以下的話，就不需設置鷹架，在維修方面也會比較有利。

3 掌握剖面詳圖 ★★★

藉由詳細地研究剖面詳圖來避免無謂地提昇建築物整體的高度。以結果來說，內外牆壁的面積會減少，基底材與裝潢建材的數量也會減少。想要把內部空間的尺寸控制在最低限度時，必須要注意最粗的排水管線與通風管的路徑。

4 用廉價的軸組建材來製作骨架 ★★★

在選擇用於軸組結構的建材時，要一邊考慮各部位所需的性能，一邊選擇在當時能買到的便宜建材。本事務所目前採用的規格為，底部橫木為阿拉斯加扁柏，柱子為人工乾燥杉木材，橫樑為人工乾燥花旗松木材。等級皆為特一等，即使是外露的木材，也不用進行超精加工，只需使用鉋機來修整。

5 讓屋主參與施工 ★★★

藉由讓屋主參與施工來降低成本。在鼓勵屋主參與施工時，必須明確地告知可節省的成本。比較容易參與的工程是內部牆壁的裝潢。我們大多會建議屋主參與塗裝或牆壁粉刷工程。只要選擇在居家修繕中心或五金行買得到的材料，就能只購買要使用的量，所以不會浪費材料。

6 透過木造裝潢工法來製作家具 ★★★

先了解木匠使用的器具與擅長的工法，再設計出木匠能合理地製作出來的嵌入式家具。基本上，家具會採用「擺放式家具」。

7 避免採用特殊工法 ★★

藉由採用一般工法來減輕工匠與管理者的負擔。通用性工法的優點在於，即使經過很多年，修繕工作還是很容易。透過成本是無法估算這一點的。

8 避免採用特殊材料 ★★

使用普通材料時，即使材料不夠，也能立刻補充。由於不需為了保險起見而多訂購材料，所以不會造成浪費。

9 積極地利用純木材 ★★

在某些部位，我們可以透過採用現成的裝潢建材來減輕現場施工者的負擔。不過，純木材的加工自由度比較好。不能光靠現成的建材，也要考慮「先讓木匠對純木材加工，再用於裝潢」的方法。不要堅持使用「裝潢建材」這種等級的材料，我們可以藉由幫「基底材」加工來節省材料費用。

10 屋簷前端・山型屋頂邊緣的設計 ★★

透過板金工法來包覆在設計上會發揮重要作用的博風板，遮簷板（除了將其視為防火結構的情況以外）。採用金屬板屋頂時，可以藉由與屋頂工程一起施工來降低施工費用，而且也有助於維護工作。

11 在照明規劃上下工夫 ★

在寬敞的起居室等處，可以透過安裝軌道燈座來減少線路數量。藉由這樣做，就能把照明器具的數量交給屋主來決定。這種設計也能彈性地因應房間的使用方式。

12 地板建材的統一 ★

透過「統一地板建材」與「鋪設尺寸不一的地板」來減少材料的浪費。若有膠合板襯板的話，無論在何處，U型釘都能發揮作用。

13 節省通訊線路 ★

網路連線環境正在朝無線的方向進化。我們已經進入「應避免設置多餘網路線・管線」的時代。對於如同本事務所那樣的鄉下設計事務所或工務店而言，「是否能採用4G・LTE通信」這一點會成為「是否要鋪設通訊線路」的分水嶺

關於設計的5條

14 效率良好的工程管理 ★★★

只要決定施工順序，並一次結束若干項工作的話，就能減輕施工現場的工作量。以結果來說，這樣做有助於防止施工費用增加。如果負責人判斷這樣做可以提昇施工效率的話，也可以先從外部結構工程著手。

15 臨時搭建結構的再利用 ★★

可回收再利用的臨時搭建結構可使用很多次。保護板之類的材料至少能用於3個施工現場。垃圾袋只要沒破，就能重複使用。畢竟我們希望工匠也能感受到總承包商的這種態度。

16 收拾垃圾 ★★

在施工現場，垃圾要徹底分類。重點在於，一開始就要把不同類的垃圾分開放（以省去之後再分類的工夫）。總承包商要自己將分類好的工業廢棄物帶到中間處理廠（不過，需要簽約）。如此一來，處理費用就會減少。

17 不會造成浪費的材料訂購方式 ★

在訂購「石膏板那類數量多且難以保管的材料」時，必須盡量設法讓數量不要「多出來」。我們只要分成兩次向建材行訂購，就完全不會造成浪費。即使材料有多出來，只要多出來的數量在1～2片以內的話，就算是成功。

18 金屬結構零件的指示 ★

為了「減少金屬結構零件的種類」與「避免工匠裝上必要金屬零件以外的零件」，我們要向工匠下達指示。如果沒有下達指示的話，工匠就可能會裝上超出必要程度的零件。

預算吃緊的住宅的基本理論

在預算較嚴苛的方案中，要如何維持設計上的品質呢？
以下要介紹的是，對於低預算住宅也會採取積極態度的建築設計事務所「Freedom」所使用的方法。

透過門窗隔扇等來遮住現成家具

由於玄關不需要深度，所以會採用較寬的設計。玄關的泥土地可放置很多鞋子，評價很好。可以把在IKEA、宜得利購買的便宜家具收在大型收納櫃的門背後，以降低成本（左圖，中圖）。另外，設置高度約1200㎜的牆壁也能有效地遮住廚房系統櫃。

方法1　透過白色的室內裝潢與大型門窗隔扇來調整預算

沒有預算時，就採用「白色極簡風格的空間」與「無裝潢設計」。透過大型門窗隔扇來遮住現成的收納櫃等。

沒有預算時，就採用白色的室內裝潢

預算不多時，基本上會採用白色極簡風格。家具與物品會變得很顯眼，成為空間中的特色。左上圖與左下圖的LDK和上圖的走廊都屬於同一個案例，除了地板以外，連嵌入式家具也被整合成白色。右上圖是另外一個案例，盥洗室全採用白色設計。檯面一體成型的洗手台等處不需裝潢，而且美觀，價格也比較低。

把陽台與停車場融入骨架中，使骨架變得鮮明

把陽台與停車場融入住宅，使其成為骨架的一部分。如此一來，沒有牆壁的部分看起來就會如同被挖通一般，使容易流於單調的低預算住宅呈現出鮮明的造型。

分別塗上黑色與白色

採用噴塗等工法來上色時，由於沒有接縫，所以適合用於呈現厚實感。有設置廂房時，只要分別將其塗成白色與黑色之類的對比色，就能輕易地比較兩者的厚實感。

獨立窗戶與噴塗工法很搭

由於噴塗工法能使「裝潢建材的預製組件」形象化，所以跟「隨意配置獨立窗戶的設計」很搭。

透過陽台來增添木材質感

使用壁板來進行裝潢時，要盡量採用風格樸素的建材。不過，若只有那樣的話，就會變得過於枯燥乏味，因此我們會透過陽台的扶手牆等來增添木材質感。

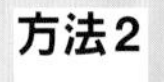

透過窗戶與陽台來為建築物正面增添變化

低成本的選項為鍍鋁鋅鋼板．噴塗工法．壁板。
藉由多下一番工夫來一口氣改善外觀。

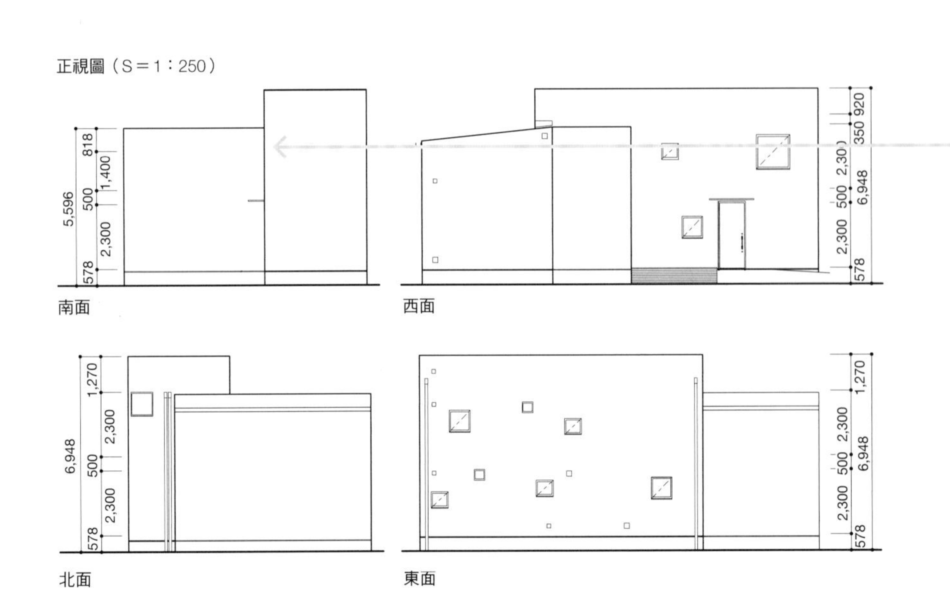

把沒有窗戶的那面當作建築物正面

窗戶的配置會大幅影響外觀的設計。窗戶愈少，外觀就會愈簡潔乾淨，所以要在建築物正面以外的地方設置充足的窗戶。

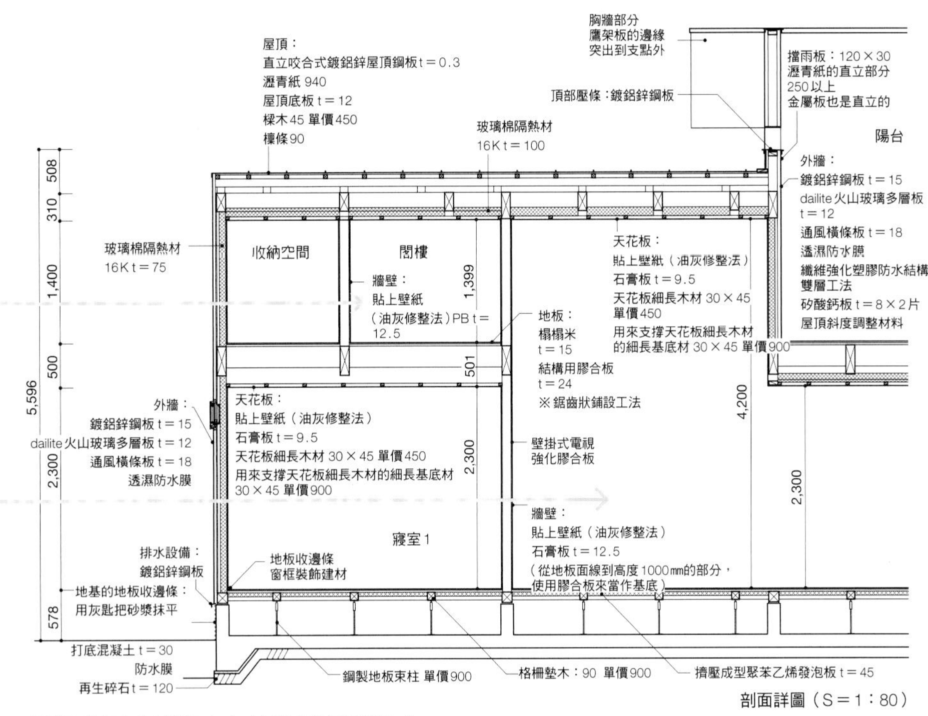

剖面詳圖（S＝1：80）

透過差層式結構來有效地呈現開放感

在設計低預算住宅時，首先要減少建築面積。在小房子內，透過差層式結構可以有效地減少狹小感。這是因為，這樣做可以一邊確保建築面積，一邊打造出充滿開放感的挑高空間。在上圖的實例中，我們透過差層式結構來確保天花板高度超過3公尺。下圖則是為了降低樓層高度而設置的和室閣樓。

方法3 透過差層式結構與大陽台來使空間變得寬敞

在預算吃緊的住宅中，空間會變小。我們可以透過差層式結構來提昇天花板高度，或是使其與大陽台相連，以打造出開放視野。

透過一室格局化來減少門窗隔扇，並將房間與大陽台相連

藉由採用一室格局來抑制住宅的尺寸，即使LDK較小，也不易產生壓迫感。由於這樣做也能節省門窗隔扇與隔間牆的費用，所以可說是一石二鳥。藉由讓房間與大陽台等半外部空間相連，也能有效地降低狹小感。

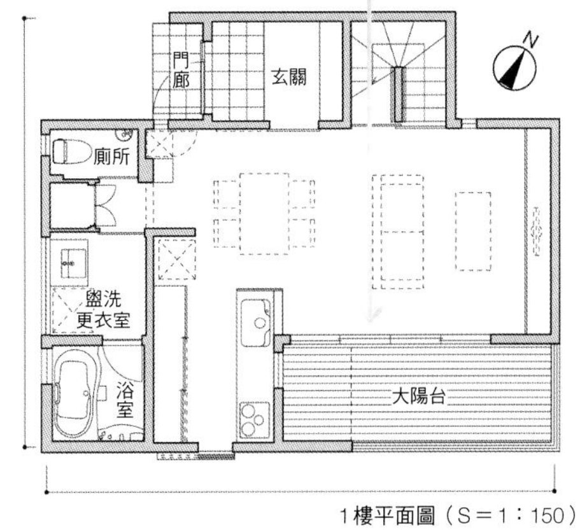

1樓平面圖（S＝1：150）

TITLE

大師如何設計：最舒適好房子設計技巧180例

STAFF

出版 瑞昇文化事業股份有限公司
作者 株式会社エクスナレッジ（X-Knowledge Co., Ltd.）
譯者 李明穎
監譯 大放譯彩翻譯社

總編輯 郭湘齡
責任編輯 黃雅琳
文字編輯 林修敏 黃美玉
美術編輯 謝彥如
排版 執筆者設計工作室
製版 大亞彩色印刷製版股份有限公司
印刷 桂林彩色印刷股份有限公司
法律顧問 經兆國際法律事務所 黃沛聲律師

戶名 瑞昇文化事業股份有限公司
劃撥帳號 19598343
地址 新北市中和區景平路464巷2弄1-4號
電話 (02)2945-3191
傳真 (02)2945-3190
網址 www.rising-books.com.tw
Mail resing@ms34.hinet.net

初版日期 2014年9月
定價 450元

國家圖書館出版品預行編目資料

大師如何設計：最舒適好房子設計技巧180例 / 株式会社エクスナレッヅ作；李明穎譯. -- 初版. -- 新北市：瑞昇文化, 2014.08
160面；21X28.5 公分
ISBN 978-986-5749-65-1(平裝)

1.家庭佈置 2.室內設計 3.空間設計

422.5 103014398

ORIGINAL JAPANESE EDITION STAFF

取材協力者・執筆者一覧

執筆者（敬称略）
大菅力（6～29・36～43・66～89・108～111・122～129・138～152・157～159）
村上太一（菅沼建築設計）＋大菅力（90～97）
菅沼悟朗（菅沼建築設計）＋大菅力（98～103・114～120）
菅沼悟朗（菅沼建築設計）（156）

取材協力会社（敬称略・50音順）
アートホーム
相羽建設
スペースエージェンシー
ウッドシップ
大阪ガス住宅設備
OKUTA
カリフォルニア工務店
菅沼建築設計
ティンバーヤード
天然住宅
TOKAI
フォーセンス
富士ソーラーハウス
建築設計事務所フリーダム
フレックス唐津
プロホーム大台
ベガハウス
優建築工房
夢ハウス